物联网系统动态性能半物理验证技术

俞晓磊　汪东华　赵志敏　著

科 学 出 版 社

北 京

内 容 简 介

半物理仿真是指将被仿真对象的一部分以实物（或物理模型）方式引入仿真回路，被仿真对象的其余部分以数学模型描述，进行实时数学仿真与物理仿真的联合实验。本书基于新颖的数学方法（Fisher 矩阵、人工神经网络、热力学分析、支持向量机、图像处理算法等），将半物理仿真技术与物联网应用系统相结合，针对典型物联网系统（RFID 系统、车联网系统、二维条码识别系统等）动态测试半物理验证若干关键技术的理论与应用进行了深入研究，对解决 RFID 及物联网工程技术发展的瓶颈问题具有重要的科学意义和广泛的应用前景。

本书可作为高等院校物联网工程、计算机科学与技术、控制科学与工程以及电子信息类相关专业研究生的学习资料，也可供物联网和 RFID 相关行业科研人员、物流领域从业者、系统集成商等阅读参考。

图书在版编目（CIP）数据

物联网系统动态性能半物理验证技术/俞晓磊，汪东华，赵志敏著. —北京：科学出版社，2017.7

ISBN 978-7-03-054056-0

Ⅰ. ①物… Ⅱ. ①俞… ②汪… ③赵… Ⅲ. ①互联网络-应用-无线电信号-射频-信号识别-研究 ②智能技术-应用-无线电信号-射频-信号识别-研究 Ⅳ. ①TN911.23

中国版本图书馆 CIP 数据核字（2017）第 181923 号

责任编辑：李涪汁　曾佳佳/责任校对：王　瑞
责任印制：张　倩/封面设计：许　瑞

科 学 出 版 社 出版

北京东黄城根北街 16 号
邮政编码：100717
http://www.sciencep.com

新科印刷有限公司 印刷

科学出版社发行　各地新华书店经销

*

2017 年 7 月第　一　版　开本：720×1000　1/16
2017 年 7 月第一次印刷　印张：14
字数：282 000

定价：89.00 元
（如有印装质量问题，我社负责调换）

序

　　物联网技术是继计算机、互联网和移动通信之后的又一次信息技术革命。近年来，以 RFID 等技术为核心的物联网系统得到广泛应用，带动了光电传感、智能制造、云计算等一系列关键技术取得突破。该书以光电传感技术构建硬件平台为基础，以工程数学方法进行检测控制算法设计为核心，创新性地将半物理验证与检测技术应用于物联网系统动态性能测试的科学实践中，为物联网系统在智慧物流、车联网、食品溯源与防伪等民用领域的应用提供了重要的技术支撑。

　　该书共分七章，分别论述了军事领域和民用领域中基于光电传感的半物理验证技术研究进展、以光电传感技术为基础搭建的 RFID 防碰撞半物理验证平台、温度对 RFID 动态性能影响的热力学模型、基于 Fisher 矩阵、神经网络和图像处理技术的 RFID 多标签几何分布最优化分析方法及半物理验证系统、半物理验证技术在车联网和二维条码动态识别中的应用。该书章节安排合理、结构清晰、内容丰富、图文并茂、由浅入深、循序渐进，既有关于光电传感等基本理论的论述，也有动态检测系统设计与试验的相关研究分析，特别是"物理防碰撞"相关提法创新且有应用价值，非常适合物联网和光电工程相关行业科研人员阅读参考。该书作者所在科研团队经过多年的努力，获得了包括第十六届中国专利奖在内的重要学术成果，为该书的出版奠定了扎实的理论和实践基础。

　　预祝该书作者所在科研团队在今后的科研道路上取得更多的创新成果。谨为此序!

中国工程院信息与电子工程学部院士

长春理工大学学术委员会主任

姜会林

2017. 5.13

前　言

　　物联网（internet of things，IOT）是近年来形成并迅速发展的新概念，是新一代信息系统的重要组成部分。物联网的产生是继计算机、互联网和移动通信之后的又一次信息技术革命。作为物联网感知领域的核心技术之一，射频识别（radio frequency identification，RFID）技术是 20 世纪 90 年代兴起并得以迅速发展的非接触式自动识别技术，它利用无线电波、微波，通过感应或电磁波辐射进行非接触双向通信，达到自动识别目标对象、获取相关数据及数据交换的目的。

　　目前国内关于物联网系统的动态检测，主要还是基于实际物联网环境（如物流分拣、车辆运行、进出仓库等），这样的测试不仅在场地占用、操作性、费用等方面困难较大，而且需要对实际环境中的标签信号、干扰信号、射频反射、环境噪声等进行大量的预测试，测试周期较长。为使检测方便实用且能模拟系统实际应用的环境和状态，本书围绕基于光电传感的物联网动态性能半物理验证关键技术研究与应用最新进展展开论述。

　　半物理仿真验证是将物理仿真验证技术与数学仿真验证技术相结合，对实际系统中不存在或者不便于测试的部分直接用计算机软件模型进行替代，而剩下的部分仍用实际的系统设备计算分析。该方法充分考虑了计算机建模的有效性和简易性，能够对相关的系统参数进行灵活的调整和变更，同时能不断观察系统的细微变化。本书将半物理仿真技术与物联网应用系统相结合，针对典型物联网系统（RFID 系统、车联网系统、二维条码识别系统等）动态测试半物理验证若干关键技术的理论与应用进行深入研究。本书基于新颖数学方法（Fisher 信息矩阵、人工神经网络、热力学分析、支持向量机、图像处理算法等），设计了基于光电传感技术的半物理验证实验平台，分别针对 RFID 多标签几何分布最优化分析、RFID-MIMO 系统多天线最优接收、温度对 RFID 动态性能的影响等技术问题以及车联网电子车牌动态性能、物流环境下二维条码动态图像质量检测等开展了一系列物理实验和数学分析，对物联网系统动态性能检测具有重要的参考意义和实用价值。已取得的具有自主知识产权的创新性成果能够直接投入产品检测应用，可有效减少相关企业在物联网核心传感器件研发、生产和应用等环节的投入成本并有效提高产品的质量，同时，为系统动态性能有效评价和控制提供可靠的第三方检测手段。本书内容对相关企业自主研发 RFID 等物联网产品和系统并参与国际竞争具有技术支撑作用，并将进一步提升企业的核心竞争力，带动我国物联网战略性新兴产业的发展。

本书共分七章，反映了当今物联网应用工程和 RFID 系统检测领域一个前沿创新的研究方向，同时介绍了作者所在科研团队在物联网系统半物理仿真和 RFID 物理防碰撞技术研究方向的最新成果。第 1 章主要综述基于光电传感的半物理验证技术研究进展，从半物理仿真验证的基本概念和系统结构出发，分别介绍军事领域和民用领域中光电传感技术在半物理验证测试中的应用，特别关注 RFID 动态性能半物理验证技术研究进展，简要介绍作者所在科研团队研制的单品级、托盘级、包装级、大功率级动态测试系统的基本结构和功能，为读者了解 RFID 半物理验证的技术背景和国内外发展现状提供重要参考；第 2 章提出 RFID-MIMO 系统的信道模型，研究 RFID-MIMO 系统的天线选择技术，对最优与次优天线选择进行仿真，并以光电传感技术为基础搭建 RFID 识读性能半物理验证平台，检测实际应用中的 RFID-MIMO 系统防碰撞性能，为 RFID-MIMO 系统的评估与优化提供有效的参考，同时为多标签-多读写器系统的物理防碰撞提供解决思路；第 3 章借助热力学分析的数学模型研究温度对 RFID 动态性能的影响，并进行半物理实验验证，建立温度与标签识读距离的拟合模型，为标签在不同温度下有效工作提供相应的补偿机制，为读者开展相关实验研究提供方法指导及结果参考；第 4 章基于 Fisher 矩阵开展 RFID 多标签几何分布最优化分析研究，随后利用 Fisher 矩阵作为判据研究移动环境下 RFID 多标签几何模式的变化规律，并进行相关半物理验证，该研究为读者对 Fisher 矩阵在 RFID 多标签系统中的数学分析及其半物理验证提供参考；第 5 章针对物联网环境下多标签识读性能不佳的问题，提出三种基于神经网络的多标签几何优化方法，并设计基于多光电传感器的 RFID 多标签检测系统，进行半物理实验验证研究，对神经网络在 RFID 多标签系统优化分析中的应用提供参考；第 6 章结合图像处理技术和支持向量机（SVM）神经网络，研究标签几何分布与动态性能之间的关系，提出利用图像采集与处理算法及 SVM 训练学习，合理分布标签的三维几何位置来提高 RFID 多标签系统识读性能的新方法以及相关半物理验证手段，对 RFID 多标签的最优化分析具有重要的理论和应用价值；第 7 章主要介绍半物理验证技术在车联网和二维条码动态识别中的应用，为半物理验证技术在物联网其他领域的推广提供参考价值和技术支撑。

本书作者俞晓磊博士在国家留学基金"先进多感知信息融合技术在智能系统光电控制中的应用"（项目编号：CSC 200883041）的资助下，赴澳大利亚墨尔本大学进行为期两年的课题研究工作，师从国际知名学者 Jonathan Mantan。回国后，在中国博士后基金"典型物联网环境下 RFID 抗干扰及动态测试关键技术研究"（项目编号：2013M531363）、江苏省博士后基金"基于光电感知的混沌仿生物联网关键技术研究"（项目编号：1202020C）以及国家质量监督检验检疫总局科技项目"典型物联网环境下 RFID 防碰撞及动态测试关键技术研究"（项目编号：

2013QK194）的共同资助下，在南京理工大学电子科学与技术博士后流动站开展博士后科研工作，研究成果"一种用于物流输送线的 RFID 识读范围自动测量系统"在 2014 年获得第十六届中国专利奖。多年来，作者所在科研团队开展了与本书有关的系统深入研究并取得了系列研究成果，发表 SCI 检索期刊论文 30 余篇，获授权发明专利近 20 项，参与制定国家标准 1 项，主导制定地方标准 2 项。本书是作者所在科研团队近年来科研工作的总结和研究成果的结晶。感谢中国工程院姜会林院士百忙之中审阅了本书并作序，姜院士的寄语是对作者科研工作的巨大鼓励和鞭策。在成书过程中，南京理工大学长江学者陈钱教授、东南大学张家雨教授等专家对本书涉及的研究内容进行了精心指导并提出了诸多宝贵意见，在此表示衷心的感谢。感谢南京航空航天大学于银山博士在理论、实验和本书撰写过程中做出的大量工作，为本书的顺利出版奠定了重要的基础。感谢研究生庄笑、钱坤、刘佳玲、周昱军、陆东升、孙耀东等在前期科研、文字编排、图表绘制等方面所做的大量工作以及黄钰、李翔等同事的帮助。

感谢中国博士后基金特别资助项目"基于混沌自组织的物理防碰撞仿生传感网络应用基础研究"（项目编号：2016T90452）、中国博士后基金一等资助项目"瞬态干扰下多标签三维拓扑优化物理防碰撞关键技术研究"（项目编号：2015M580422）、江苏省自然科学基金青年基金"基于三维拓扑优化的 RFID 防碰撞无线传感网络关键技术研究"（项目编号：BK20141032）以及江苏省质量技术监督 352 人才工程项目"车联网 RFID 系统测试实验验证研究"的资助，促使本书能够顺利出版。

由于作者水平有限，书中难免有不妥之处，欢迎广大读者批评指正，相互交流（作者联系方式：nuaaxiaoleiyu@126.com）。

作　者

2017 年 5 月于南京

目　录

第1章 基于光电传感的半物理验证技术研究进展

1.1 半物理仿真技术的起源与发展

仿真验证技术是集信息处理、相似理论和系统集成等相关技术为一体的专业技术,其以计算机和各种物理设备为桥梁,以数学模型和物理模型为手段,对系统进行建模与仿真[1]。随着科技的进步,仿真技术也在不断地发展完善中。

仿真技术所具有的安全性和经济性使其在科学研究中具有重要的应用价值和巨大的经济、科技效益。仿真技术的应用非常广泛,归纳起来,主要有以下几个方面[2]。

(1)优化系统设计。在系统最终设计定型之前,通过对系统进行仿真模拟,优化系统设计的各个参数。例如,射频识别(radio frequency identification,RFID)技术的各种应用和测试系统、信号处理和控制系统都可以通过仿真模拟对系统设计进行优化。

(2)系统故障再现。在实验过程中为了排查出系统的故障,需要进行故障再现,这是非常危险和不经济的。利用仿真技术可以避免此类情况的发生,并且可以有效地对系统的故障进行再现和排除。

(3)验证系统方案的可行性和系统设计的正确性。

(4)对系统性能进行评估。

(5)训练系统操作人员。

(6)为系统管理和实际决策提供技术支撑。

根据仿真方式和依据手段的不同,可以将仿真技术分为以下三类。

(1)物理仿真。通过研制具体的实物来模拟原有系统的各种工作状态和效能。早期的仿真大多属于这一类型。此类方法成本高,且适应性差,难以满足实际复杂的工作环境,因此,该方法有一定的局限性。

(2)数学仿真。属于现阶段研究较多的一种仿真方法,即用数学语言对实际的系统进行描述,并通过编程的手段来实现系统的模拟。该方法成本低,灵活性和适应性好,速度快,精确度高。但此类方法也存在一定的局限性,例如,有些系统复杂度高,难以用数学模型对其进行描述,或者数学模型比较复杂,求解比较困难。

(3)半物理仿真。将数学仿真和物理仿真结合起来,组成一个复杂的仿真系统。半物理仿真和物理仿真、数学仿真都是系统研制工作的强有力验证手段，具有提高系统研制质量、缩短研制周期和节省研制费用的优点。但半物理仿真同其他类型的仿真方法相比，具有实现更高真实度的可能性，是仿真技术中置信水平最高的一种仿真方法。半物理仿真具有以下特点：①有的系统很难建立起准确的数学模型，如射频寻的制导控制系统，导引头在近场条件下工作的数学模型，从目标运动，包括射频特性至导引头的输出，准确地建立这部分数学模型是很困难的，在半物理验证中，这部分将以实物形式直接参与，从而可以克服难以准确建模的困难；②利用半物理仿真，可以进一步校准系统的数学模型；③利用半物理仿真，检验系统各设备的功能和性能，将更直接和有效。这些独特的作用是数学仿真难以相比的，是提高系统设计的可靠性和研制质量的必要条件。

半物理仿真技术是在第二次世界大战以后，伴随着自动化武器系统的研制及计算机技术的发展而迅速发展起来的。特别是导弹武器系统的实物实验代价昂贵，而半物理仿真技术能为导弹武器的研制提供最优的实验手段，使得在不做任何实物飞行的条件下，可对导弹全系统进行综合测试。美国、欧盟、日本、俄罗斯等主要武器生产国和地区都非常重视半物理仿真技术的研究和应用，早在 20 世纪40 年代就开始了控制系统半物理仿真技术的研究，60 年代起陆续建造了一大批半物理仿真实验室，并不断进行扩充和改进。在美国，已有系列化的飞行运动仿真器（转台）以及高性能的仿真计算机，并且随着制导技术的发展，在目标特性及其背景的仿真技术方面也有很大发展，已从简单的机械式的点源目标仿真器，发展为阵列式具有形体特征的目标仿真器，进而研发了图像目标仿真器。不仅导弹武器系统的承制公司如波音、雷锡恩、德州仪器、洛克希德·马丁等都建设并发展了自己完整、复杂和先进的仿真系统，而且各军兵种也都投入大量资金来建设导弹系统的仿真实验室，如著名的美国陆军导弹司令部高级仿真中心（ASC）。根据美国对"爱国者""罗兰特""针刺"三种导弹型号的统计，采用仿真技术后，实验周期可缩短 30%～40%，节约实弹数 43.6%。

苏联是世界上最早开始研制弹道导弹的国家，自 20 世纪 50 年代开始研制了三代十余型。以潜射弹道导弹为例，其研制的 P-11ФM、SS-N-4 和 SS-N-5 三种型号第一代潜射弹道导弹，最大射程超过 1650km。为了提高射程，苏联导弹研制部门进行了大量的半物理仿真试验，发展了第二代潜射弹道导弹，包括 SS-N-6、SS-N-8、SS-N-17，射程超过 2500km，通过多次水下发射半物理试验，解决了潜艇水下发射弹道的技术难题[3]。俄罗斯在苏联的基础上对弹道导弹进行了大量的研究和半物理仿真验证，对弹道导弹技术进行了改进，研制出了 SS-N-18、SS-N-20、SS-N-23、SS-N-28、SS-N-30 等第三代潜射弹道导弹，无论在射程上，还是在命中精度上都有了巨大的提高，同时采用了分导弹头技术，提高了导弹的突防能力以及打击范围，大大提升了俄罗斯战略打击的力量[4]。

除美国和俄罗斯外，其他国家也在进行弹道导弹的研究和半物理仿真验证。法国也先后发展了 M1、M2、M20 和 M45 等一系列潜射弹道导弹。但其前期 M1 的发展也相当不顺利，在经历了多次的失败和半物理仿真验证以后，最终取得了成功，此后，其潜射导弹半物理仿真试验顺利进行，并在 2004 年正式开始采购 M51 型潜射导弹。英国、印度等国家也在积极开展弹道导弹的研究和半物理仿真验证工作。

1.2　半物理仿真验证的基本概念

半物理仿真验证又称为物理-数学仿真验证或半实物仿真验证[5]。半物理仿真针对仿真研究内容，将被仿真对象的一部分以实物（或物理模型）方式引入仿真回路，其余部分以数学模型描述，并利用编程语言转化为仿真计算模型，同时借助物理效应模型，进行实时数学与物理的联合仿真。该方法充分考虑了计算机建模的有效性和简易性，能够对相关的系统参数进行灵活的调整和变更，同时不断观察系统的细微变化。

半物理仿真具有很高的逼真度，因此常用于验证系统设计方案的正确性与可行性，对研制阶段的控制系统进行闭环动态验收试验以及对故障模式进行仿真。由于半物理仿真验证条件更加逼近真实情况，因此常利用半物理仿真对新型开发系统进行检验和调试，以减少现场调试的需要。

在半物理仿真验证技术发展最初，由于计算机技术刚刚发展，计算机性能有限，半物理验证方法主要应用于军事领域，且仿真系统一般需要专门的计算机和接口板。随着计算机技术的不断发展，相关软硬件水平的提高，半物理仿真验证技术在各个领域得到了广泛的应用，如车辆、物联网、飞行器、发动机等领域。许多研究机构和大学也对半物理仿真中的关键技术如建模技术、实时计算技术、仿真算法、传感器技术等进行了深入的研究，使半物理仿真验证技术得到了快速的发展。

半物理仿真验证中涉及的关键技术包括以下几个方面。

（1）建模技术。在半物理仿真验证中，需要对系统中的数字部分进行建模与仿真。随着仿真技术的应用发展，现阶段，系统建模与仿真验证技术已逐渐从定量系统向定性系统拓宽。从建模的手段和方法来看，除了原有的机理建模与系统辨识方法外，近年来，陆续发展了人工智能网络、拓扑算法以及模糊数学等混合式人工智能建模方法。

（2）仿真算法。系统的动态性能一般常用微分方程或微分方程组来描述。因此，要利用计算机对系统进行建模与仿真，需要利用计算机求解表征系统动态特性的微分方程或微分方程组，利用仿真算法将系统数学模型转换成仿真模型。目前，连续系统与离散系统的非实时串行算法已相当完善，其成果包括处理线性、非线性、刚性等连续系统算法，各类分布参数系统算法，各种随机统计算法及基于系统分割、方法分割和时间分割的部分并行算法[6]。

（3）仿真计算机/仿真器。随着计算机技术的飞速发展，工作站、高性能微机以及并行机已经成为仿真计算机的主流。目前，工作站、高性能微机以及并行机的计算速度已经相当高，已能基本满足半物理仿真中的应用需求。高性能计算机研究的主要对象包括处理机技术、并行程序设计模型与并行化翻译器、支持自动并行化的新框架与概念、软硬件接口的实时处理等。接口系统是半物理仿真中数字部分与物理部分信息传输的接口。接口要具有可靠的实时性，因此，采用了大量的数据采集器、高精度传感器或传感器组。

1.3 半物理仿真验证的系统结构

由于半物理验证技术已在许多领域得到应用，不同领域的系统结构和框架也各不相同，因此，半物理仿真验证的具体架构也各不一样。但不同领域的半物理仿真验证都需要不同的部件和子系统来组成一个完整的仿真验证系统。这些部件和子系统中需要有机械、电子等硬件部分，也需要有控制、算法等软件部分。半物理仿真试验起到了对系统的主要部件进行检验和校核的作用[7]。

虽然不同领域的半物理仿真试验的系统结构各不相同，但总体框架基本一致。大致可以分为以下几个部分：仿真设备（包括仿真计算机与其他仿真设备，如物理效应设备等）、参试实物、支持服务系统、接口设备以及试验控制台等，如图 1.1 所示。

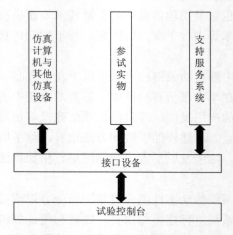

图 1.1　半物理仿真系统结构

（1）仿真计算机（设备）。仿真对象的数学模型最终都是通过仿真计算机进行编程实现。如果有多个仿真对象，则需要多个仿真计算机同时参与。仿真计算机是半物理仿真的核心设备，随着对半物理仿真研究的不断深入，对相关的计算机性能也提出了越来越高的要求。值得一提的是，国防科学技术大学在 1985 年研制出我国第一台数字实时仿真计算机——银河 I 型仿真计算机（YH-E1），该型号计算机的研制成功大大促进了我国尖端科研领域半物理仿真技术的应用。早在"七五"期间，国内就建立了不少的仿真中心，其中多家选用了国防科学技术大学的银河计算机，并取得了一批仿真技术应用成果。随着研究的不断深入，近年来学术界又取得了一批科研成果，包括研制了与银河计算机配套的各种总线接口，使银河计算机能顺利与国际上流行的仿真设备进行连接，从而满足半物理仿真实时闭环的要求。

（2）物理效应设备。在半物理仿真试验系统中，一些关键参数需要专用的仿真设备来表征。这些仿真系统一般由专用的控制器和执行机构组成，但这样的系统一般只能仿真一些特定的参数，参数输入仿真设备的控制器，控制器按照一定的算法驱动执行机构来达到仿真的目的。因此，仿真设备是一个将电信号转化为机械信号的设备。仿真设备的作用一般有两个：一是形象直观地将系统中的一些重要参数表达出来；二是为布置于仿真设备中的传感器提供一个和实际被仿真对象一样的工况条件和环境。

（3）参试实物。不同的半物理仿真参试系统的参试实物各不相同，但大体都由传感器、滤波器、控制器等组成。在半物理仿真系统中，控制器是核心，通过半物理仿真试验，可以对不同控制算法的优劣性进行比较，以确定适应于应用的最优算法。

（4）接口设备。接口一般可以分为两类：一类相当于参试的实物，如模数转换接口和数模转换接口；另一类是数据协议转换接口，完成不同数据格式的转换，如串并转换或不同串口类型之间的转换。

（5）支持服务系统。支持服务系统完成打印、报表、数据输出、三维显示等服务功能。

上述的半物理仿真系统构成只是对一般情况而言，由于不同的仿真系统性能不同，其具体的构造也会有一定的差异。

1.4 光电传感技术在半物理验证测试中的应用

1.4.1 军事领域光电传感技术在半物理验证测试中的应用

1. 半物理仿真在精确制导武器中的应用

第二次世界大战以后，随着精确制导武器的应用和发展，半物理仿真验证技术也得到了广泛的关注和重视。作为世界头号军事强国的美国，建立了世界上最先进的半物理仿真验证实验室——ASC。在过去的几十年里，美国陆军几乎所有的先进精确制导武器都通过 ASC 进行了半物理仿真验证，为美国及其同盟国提供高精度、世界级的精确制导武器半物理仿真验证支持。ASC 共开发了 14 台半物理仿真设备，这些设备主要涉及红外成像仿真系统、射频仿真系统和多频谱仿真系统三个领域。

美国空军研制开发实验中心（AFDTC）位于佛罗里达州埃格林空军基地，负责空军战术导弹武器系统的设计、开发、改进和评估。该中心有射频目标仿真系统和动能拦截器半实物仿真系统。其中，射频目标仿真系统及其配套的射频消声室、射频信号发生器、三轴飞行平台和分布式计算机系统，可以在 2～18GHz 范围内对采用主动或者被动视频进行制导的导引头系统进行半实物仿真和试验。动能拦截器可以为光电制导拦截器从发射到拦截命中的飞行段提供半实物仿真，该动能拦截器具有两种工作模式：数字信号注入工作模式和红外辐射投影工作模式[8]。

美国陆军试验与鉴定司令部技术试验中心（RTTC）是世界顶级的仿真试验中心，能为陆军的各种武器系统提供仿真模拟与试验。中心拥有光电传感飞行鉴定实验室（EOSFEL）和光电目标捕获传感器鉴定实验室（EOTASEL）两个导弹半实物仿真实验室。其中，EOSFEL 能对导弹的光电导引头、制导部件、控制部件进行实时的带内闭环六维的半实物仿真试验，对导弹进行全系统级的性能评估。此外，该实验室还可以通过美国国防部网络与白沙导弹试验场进行连接，对导弹进行实时交互仿真。EOTASEL 拥有众多先进的设备，如动态景象投影仪、模拟目标运动的多轴飞行运动仿真器、产生景象的硬件和软件、各种黑体和隔震实验台，这些设备能对导弹系统进行子系统级别的鉴定。

随着我国综合国力的增强和对国防工业的重视程度越来越高，国产武器系统装备的研发越来越受到国家的重视。在此基础上，半物理仿真验证技术也得到飞速的发展。但与美国、西欧等发达国家和地区相比仍然存在一定的差距。不过，从 1958 年第一台三轴转台问世至今，我国在长期的实践中也积累了丰富的经验。20 世纪 80 年代，我国重点建设了一批水平高、规模大的半物理仿真实验室，如射频制导导弹半物理仿真系统、红外制导导弹半物理仿真系统、歼击机工程飞行模拟器、歼击机半物理仿真系统、驱逐舰半物理仿真系统等。这些半物理仿真系统在我国飞机、导弹、运载火箭、舰船等型号研制中发挥了重要作用。90 年代起，我国开始对分布式交互仿真、虚拟现实等先进仿真技术及其应用进行研究，开展了较大规模的复杂系统仿真，由单个武器平台的性能仿真发展为多武器平台在作战环境下的对抗仿真，为武器系统研制提供更先进、更完善的技术支撑。图 1.2 为西北工业大学研制的飞行器激光与图像制导半物理仿真验证平台，该平台主要开展飞行器先进半实物控制系统设计与仿真、组合导航技术研究与应用、先进系统滤波方法研究与应用、旋转弹制导控制方法等方向的研究。

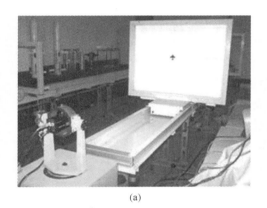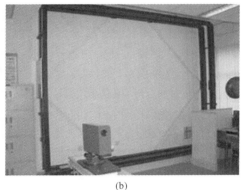

(a)　　　　　　　　　　　　　　　　　(b)

图 1.2　飞行器激光与图像制导半物理仿真验证平台

空军航空大学的谷峰等依托空对地精确制导武器实验室建设，研究了图像捕控指令制导半实物仿真系统的组成与功用实现。该系统可以对各类图像制导系统的整个目标索引与精确打击过程进行半实物仿真，及时发现制导系统在软、硬件设计上存在的问题与不足，并随时加以改进、验证，从而大大提高了图像制导系统武器的精确打击效能[9]。

北京理工大学的单家元等研制了某激光武器制导系统半实物仿真验证平台，该仿真系统主要由海鹰仿真工作站、三轴液压转台（YMT-S2）、加速度模拟台、三轴电动转台、四通道负载模拟台、长线传输装置、总控台、模拟激光光源等组成。该仿真系统能为弹体提供角度运动环境、为导引头探测器提供弹目相对角度运动和光学环境、为线加速度传感器提供过载环境、为舵机提供气动铰链力矩环境、为导引头提供弹目相对平移运动环境、为导引头风标提供角度运动环境、为导引头提供目标和背景特性环境等。该系统已成功运用于型号武器制导系统的半实物仿真[10]。

北京仿真中心导弹控制系统仿真国防科技重点实验室的虞红等提出了一种可见光成像半实物仿真中的图像生成技术，根据可见光成像制导实物仿真的需求，从星体数据的坐标转换、星体和目标的位置和亮度控制，以及在计算机仿真的虚拟空间中导引头与目标之间的相对关系等方面，讨论了目标/星光背景动态场景的软件研制过程，实现了高帧频目标/星光背景场景的动态生成，并在仿真试验中得到应用[11]。

西安第二炮兵工程学院的邓方林等以某激光导引兵器为背景，研究了激光制导兵器在接近真实飞行环境下，对目标进行瞄准、跟踪和实施攻击的仿真系统。该激光导引系统可对激光制导兵器进行全数字仿真或半实物仿真研究，检测激光导引头接收目标信息、分辨目标、跟踪目标和抗干扰工作能力等。该系统已成功运用于某型号激光制导武器导引头的半实物仿真[12]。

南京理工大学近程高速目标探测技术国防重点学科实验室的宗志园等对毫米波/红外复合制导的半实物仿真进行了研究，给出了仿真系统的总体方案，引入毫米波/红外双波束合成器以实现真正意义的复合制导仿真。对毫米波目标的模拟仿真、红外目标的模拟仿真以及双波束合成器等系统关键技术进行了重点分析和阐述，提出了利用分形频率选择表面实现双波束合成器的方法，给出了具体设计实例。仿真和实测结果表明，该波束合成器对毫米波信号的投射性能稳定，对长波红外信号的反射率平均保持在 85%，并对 8mm 和 3mm 毫米波/红外复合制导体制均适合[13]。

2. 半物理仿真在空间对接和小卫星领域中的应用

除了在制导武器的开发、验证方面，半物理仿真验证在航天领域也发挥着重要的作用。苏联和美国分别开展了空间对接机构地面半物理仿真综合试验台的研究，如图 1.3 所示。

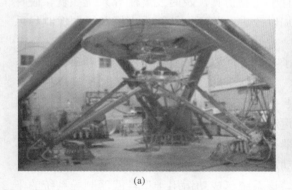 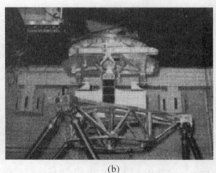

(a)　　　　　　　　　　　　　(b)

图 1.3　苏联和美国研制的空间对接机构地面半物理仿真综合试验台

苏联在 20 世纪 80 年代中期研制了用于测试对接机构的综合试验台，该综合试验台由六自由度平台、对接机构、六维力传感器和计算机测控系统组成[14]。当两个对接机构发生接触时，六维力传感器测得相互作用力，并将测量结果传给计算机系统，由计算机根据航天器的对接动力学解算出两航天器的相对运动，然后再由液压驱动的六自由度平台来模拟对接过程中的运动情况。美国国家航空航天局研制的综合试验台由两个运动平台组成，其中一个平台具有四个自由度，而另一个具有两个自由度，此方案后来被认为刚度不够，最后也采用了六自由度并联机构[15]。80 年代后期，欧洲航天局研制对接仿真试验台，当进行对接碰撞试验时，由六个电动滚珠丝杠驱动的六轴平台运动，从而实现两航天器对接机构之间六个自由度的相对运动[16, 17]。针对 ETS-7 卫星的对接系统，日本也研制了一个对接试验仿真系统[18, 19]。1998 年日本完成了太空的对接试验（图 1.4），试验结果表明，该仿真系统是对接结构设计的有力工具，它的研制成功使日本在此领域达到了国际先进水平。

(a)　　　　　　　　　　　　　　　　(b)

图 1.4　日本宇宙航空研究开发机构空间对接机构地面半物理仿真设备

为掌握空间对接技术，我国于 2009 年成功研制对接机构综合试验台，以此对"神舟八号"与"天宫一号"对接机构进行大量的研制试验和对接试验[20]。2011年，"神舟八号"与"天宫一号"成功交会对接，其对接过程与地面模拟过程（图 1.5）相符，证明了该半物理仿真平台的有效性[21]。

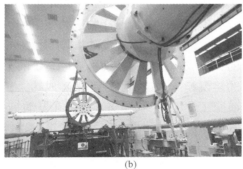

(a)　　　　　　　　　　　　　　　　(b)

图 1.5　"神舟八号"与"天宫一号"空间交会对接半物理仿真试验平台

哈尔滨工业大学电液伺服仿真及试验系统研究所与上海航天技术研究院合

作，研制出空间对接半物理仿真的原型试验系统，由六自由度平台、六维力传感器、对接动力学单元、对接机构模拟件等组成。哈尔滨工业大学卫星工程技术研究所的曹喜滨教授团队在小卫星技术的研究中对小卫星设计、分析、仿真、小卫星控制系统、小卫星飞轮低速摩擦补偿观测器、小卫星大角度姿态机动控制研究等方面进行了大量的半物理仿真验证试验[22, 23]。

3. 半物理仿真在航空工业中的应用

由于航空发动机的工作环境复杂，并且在其运行过程中不允许出现问题，因此，在开发过程中，需要对发动机的工作状态进行各种测试以验证设计的合理性，同时对各种控制规则和系统参数进行优化，测试数字电子控制器硬件和软件运行的稳定性和安全性，分析和模拟数字控制系统的性能和故障处理能力。

全物理试验直接利用实物进行试验，在航空发动机方面，即对整个航空发动机进行试验，对发动机控制系统进行测试、改进和标定。在早期的航空发动机控制系统开发中，控制系统的测试验证主要基于全物理试验，这是因为控制系统相对简单，控制变量小、过程单一，测试系统易于构建。

近年来，随着航空工业的不断发展，高机动性、高推重比、高超音速的高性能发动机得到广泛的应用，相应的以数字控制技术为主的发动机控制系统也变得日益复杂。而基于以微分方程和差分方程为主的数学模拟以其所具有的经济高效性也被广泛应用于试验研究。在这种情况下，原有的全物理试验成本和难度都提高了，而单纯依靠数学仿真的方法难以对全部零部件进行建模，且直观性和仿真精度较差，无法满足控制系统研究的需要。

半物理仿真技术将物理仿真技术和数学仿真技术相结合，具有良好的可控性和操作性，且不易受天气条件的限制，可重复操作等优点。目前，半物理仿真技术已成为航空发动机研制过程中采用的主流仿真试验方法。在航空发动机的预研、方案论证或改型、设计制造和使用维护等过程中得到广泛的应用。应用半物理模拟技术，可有效缩短发动机控制系统的开发周期，大大降低发动机数字控制系统的开发成本。航空发动机数控系统的半物理仿真已经有几十年的历史，其中涉及的建模和仿真技术已经越来越成熟。在美国、俄罗斯、英国、法国等发达国家的航空工业中，半物理仿真技术在发动机数控系统设计和实验研究中得到广泛应用。我国在航空发动机数控系统的半物理仿真研究与应用方面起步较晚，与国外相比存在一定差距。因此，加快航空发动机数控系统半物理仿真技术的发展是提高航空发动机数字控制系统研究、设计、测试和改进的主要技术措施。图 1.6 为上海工程技术大学航空发动机仿真验证实验室研制的发动机半物理仿真试验平台，该平台在借鉴国内外先进动力学建模技术的基础上，研发具有国内外先进水平的航空发动机半物理仿真验证系统。

图 1.6　航空发动机仿真验证实验平台

1.4.2　民用领域光电传感技术在半物理验证测试中的应用

1. 半物理仿真技术在水质检测中的应用

光电传感器在物联网中可以用于对环境的监测。随着社会的发展，对水资源的需求也随之增长，水污染带来的严重问题也受到广泛关注，因此，有必要对水质检测技术进行研究。传统的水质检测技术一般通过电化学技术或者在实验室中利用化学试剂反应对水质成分进行检测，这样的方法会对人力以及物质资源造成浪费，同时会引起二次污染。与上述方法相比，利用光纤传感器和计算机系统相结合的半物理验证测试方法则有着较大的优势，如灵敏度高、快速高效、抗电磁干扰、可多参数实时检测，同时由于更易实现微型化与集成化，是一种可以广泛用于水质检测领域的新兴水质检测技术，水质检测半物理验证平台如图 1.7 所示。

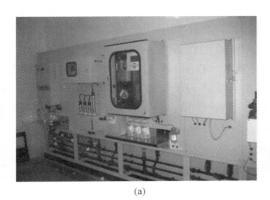

(a)　　　　　　　　　　　　　　　(b)

图 1.7　水质检测半物理验证平台

对于水质检测，国内外已经有大量将光纤传感器（如光纤离子传感器、光纤溶解氧传感器、光纤 pH 传感器等）用于水质检测并开展半物理验证的研究实例，涉及对多个污染成分的检测[24]。为了对稳态和非稳态条件下供水系统的水质进行监测，英国帝国理工大学的 Aisopou 教授的科研团队提出了一种通过在管道内设置电化学与光纤传感器结合计算机来对水质进行检测的半物理仿真验证方法[25]。印度提斯浦尔大学的 Dutta 教授的科研团队设计了一种基于智能手机的地面与河流水质 pH 监测系统半物理仿真系统，该系统使用光学传感器与智能手机摄像头开发出了一个操作范围在 400～700nm 具有 0.305nm/像素的光谱分辨率的分光光度计，能够测量样品在不同 pH 溶液中光吸收带的变化[26]。埃及亚历山大大学的 Mokhtar 教授的科研团队设计了一种全面的水质检测系统，通过智能网络管理对光学传感器采集的水质信息进行智能和高效的数据分析和决策[27]。南京航空航天大学的冯李航等在水质检测的领域引入了表面等离子体共振（SPR）技术，研究了不同电解质、非电解质溶液中的光纤 SPR 光谱，提出了一种对水矿化度参数进行检测的半物理仿真方法[28]。重庆大学的熊双飞等设计了一种可变光程的光谱探头半物理仿真系统，系统通过紫外-可见光谱法能够实现对水质各项参数的实时监测[29]。中国科学院电子学研究所的刘军涛等设计了一种水质细菌总数快速检测仪半物理仿真系统，这种仪器能够准确区分富营养水质和贫、中营养水质，并且快速、准确、重复性良好，能够对水质中的细菌进行快速筛查[30]。

2. 半物理仿真验证技术在室内定位中的应用

将传感器技术应用到机器人室内定位中，以数学理论为基础，结合软硬件的半物理仿真验证方法，是国内外机器人研究中的热门课题。家用智能机器人是物联网时代智能家居的重要角色，现主要研究使用的是光电图像传感器。相比传统传感器定位，它可实现一个精度更高、成本低、计算量小、实时性高的机器人室内定位系统[31]。与传统的无线电定位技术相比，使用光电传感器的定位技术具有节能减耗、布设方便、成本低廉、优良的电磁兼容性等诸多优点。可见光覆盖波长介于 380～780nm，能提供超宽光谱频段达 375THz，并且由于使用多光源多光谱的空间复用技术，系统容量可以利用空间分流进行大幅度提高，能够避免无线定位中多用户竞争同一频谱导致的信息流量堵塞。LED 光源更加便于在任何地方安装，减少覆盖的盲区，同时由于不受电磁干扰，更能在煤矿、航空、医疗等各类特殊领域得到使用[32]。韩国延世大学的 Yang 等领导的科研团队基于接收信号强度指示（RSSI）算法，设计了一种使用多个光接收机接收 LED 可见光的位置信息的半物理仿真系统，该系统可以实现室内准确定位的方法[33]。美国弗吉尼亚理工大学的 Takami 的科研团队将光学和声学传感器相结合，实现了对移动目标的室内定位[34]。清华大学的娄鹏华等设计了一种基于室内 LED 照明光源进行定位的方法——半物理仿真方法，该方法用 LED 照明的同时发送自身位置信息，通过移动终端接收信息并实现室内定位[35]。浙江大学的黄吉羊等则将特征光源作为固定单元、球形采光装置作为移动单元，测定光信号的角度后进行建模，最终实现三维的室内定位半物理仿真[36]。

　　基于光电传感器的室内定位技术主要应用于导航、货物定位或智能超市。在物体上贴附带有可见光接收器的标签，对其精确的位置可以进行清晰的定位；在购物车贴附光电传感器接收端，则能够根据购物车在超市内的活动轨迹对超市内货物的运输进行安排；而室内导航则可以对视障人士有较大帮助。视障人士配备能够接收可见光的智能导航仪，导航仪接收天花板上的白光和 LED 传送的位置信息并进行分析计算，从而得出最优步行路线，视障人士可以通过耳机的语音指导获取导航信息[37]。图 1.8 为机器人定位半物理仿真验证场景图。

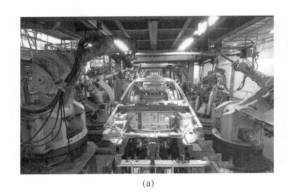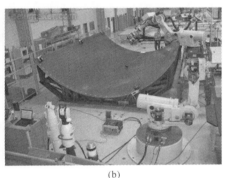

(a)　　　　　　　　　　　　　　　　　　(b)

图 1.8　机器人定位半物理仿真验证

3. 半物理仿真验证技术在智能电网中的应用

　　智能电网是当今世界电力系统发展的最新方向。作为物联网发展环境下的一个崭新领域，智能电网凭借传统物理电网，在电网中将传感技术、测控技术、控制技术、双向通信技术以及计算机等相关技术进行整合，构成了半物理仿真试验系统，如图 1.9 所示。电力系统有着结构复杂的网络，由于有着很广的分布面，在整个电力网络存在多种安全隐患。因此，整个电力系统中的所有线路与网络都需要进行全面监测。智能电网的一个重要发展方向就是将光电传感技术与传统电网技术进行融合，这不仅能为智能电网的实现提供传感技术，同时凭借光纤传感器的优良特性也能克服电网的复杂环境，维护电力系统的安全与稳定[38]。加拿大渥太华大学的 Zaker 教授的研究团队设计了一个用于智能电网中为光纤无线传感器服务的网关，能够在光纤无线传感器网络架构中进行数据包高低优先级的区分，满足高优先级的数据包从而提高整个光纤无线网络的可靠性[39]。清华大学的 Luo

等提出了一种用于智能电网系统中光传输网络的延迟约束的动态路由算法，为光传输网络的延迟等问题提供了解决方案[40]。中国科学院西安光学精密机械研究所的徐金涛等研究了全光纤电流传感器在智能电网中的工作原理与应用[41]。中国农业大学的李希等针对我国智能电网建设，提出了将光纤复合电缆与分布式光纤测温系统结合的设计方案[42]。

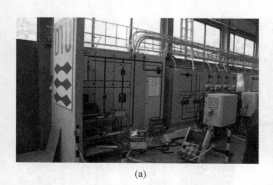

(a)　　　　　　　　　　　　　　　　　　　(b)

图 1.9　智能电网半物理仿真试验系统

4. 半物理仿真技术在汽车工程中的应用

随着科学技术的发展和消费者要求的逐渐提高以及政府对汽车尾气排放的严格限制，汽车在安全性、舒适性以及燃油经济性方面的性能也越来越高，相应功能复杂的软件算法以及集成的电子器件也越来越多地应用于汽车上。为了缩短新产品的上市时间、有效节省开发成本，同时为了提高新产品的质量，自 20 世纪 80 年代以来，各大品牌汽车厂商均投入大量的人力、物力成本开发新技术和新工具。

半物理仿真技术于 20 世纪 80 年代开始应用于汽车工程中，起初这种技术仅仅被大学、研究机构用于测试单个元件。Kempf 在实验室环境下把关键系统的硬件实物与复杂的仿真模型结合形成一个"混合仿真"的测试方法，这种将纯仿真和混合仿真相结合的方法是对传统方法的重大突破[43]。

进入 90 年代，为了监视和控制汽车的各种功能，大量的电子控制单元（ECU）被安装在汽车上，包括发动机运转、变速箱换挡、牵引力控制以及系统诊断等。这些日益复杂的汽车控制器需要通过严格的功能测试，以确保其性能符合所有设计标准。同时，半物理仿真的主要功用也逐步转化到产品功能验证、自我诊断测试和硬件测试上，并通过自回归测试来支持生产水平的提升。Bigliani 等以汽车发动机的进气测试与悬架的耐久性测试为例，讨论了依维柯（IVECO）汽车公司采用道路测试与台架试验相结合的方法评价产品性能的过程，并给出了设计、道路测试与台架试验的综合仿真试验在未来产品开发中的应用展望[44]。Sailer 开发了一个实时三维非线性模拟器用于卡车的动力学行为研究，该模拟器作为一个工业实验台用作不同电子控制系统的检查。德国的奥迪汽车公司安装了一台测试工作台用于测试防抱死制动系统（ABS）、牵引力控制系统以及车辆稳定控制系统。在这些应用中，重点不是测试电子控制单元的功能本身，而是确保新的设计在与控制系统结合时不会产生意想不到的问题。德国戴姆勒-奔驰汽车公司与达姆施塔特工业大学合作开发了一个硬件在环仿真器用于新开发的 Mercedes-Benz 卡车发动机电子发动机管理系统的研究。为了填补系统建模与真实原型系统硬件实现之间的技术鸿沟，Powell 等从硬件在环仿真技术入手，构建了一个由仿真计算机系统硬件软件、仿真环境软件、单个汽车部件动力学模型、所有被测元件实物、测试验证与分析程序以及计算机接口组成的半物理仿真系统，并讨论了动力总成与汽车控制系统实验的相关原理问题[45]。Raman 等描述了在动力总成控制系统软件开发环境下的硬件在环仿真器的设计与执行问题。由于该系统被用来验证动力总成控制器模块的性能，因此，在模拟动力总成动力学与动力传动系统动力学基础上，将动力总成控制器模块以硬件形式直接接入回路[46]。Isermann 等构建了一个由实时计算机系统（包括 I/O 模块）、接口模块（包括传感器与执行器接口）、泵-管线-喷嘴控制单元（包括真实执行结构元件）、带有图形用户接口的 PC 以及控制板等组成的半物理仿真系统，用于研究最新 Mercedes-Benz 卡车发动机系列的发动机管理系统的性能[47]。图 1.10 为北京理工大学研制的车辆动力传送系统半物理仿真验证平台，该平台能为电动车辆动力驱动系统的开发进行半物理测试，是目前我国功能最完备的电动车辆动力驱动系统开发及测试系统。

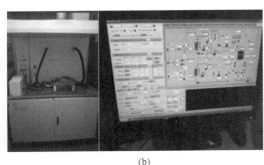

(a)　　　　　　　　　　　　　　　　(b)

图 1.10　车辆动力传动系统半物理仿真验证平台

5. 半物理仿真技术在柴油机电控系统设计中的应用

柴油机电控系统的半物理仿真可以零危险的方式对柴油机的各种工况进行模拟，可在极端环境下对控制系统的性能进行测试，也可在整个产品未完成的情况下对部分硬件系统进行测试，使硬件测试验证成为系统开发流程中的重要组成部分。由于半物理仿真是将物理仿真技术和数学建模技术相结合，因此测试期间无需全部采用实物进行测试验证，从而大大降低了产品研发的成本，缩短了开发周期，加快了产品上市时间。半物理验证已成为柴油机电控系统开发过程中非常重要的一种验证方法，通过建立实时性强、性能完善、以研究开发为目的的柴油机仿真模型，可以为电控系统的软硬件测试提供各种所需的运行工况环境，为控制系统的调试提供有关控制对象的真实动态响应特性，从而满足柴油机开发研究中对仿真试验环境的要求，降低研发过程中的资金投资和仿真试验风险，缩短研发的周期。

在柴油机电控系统开发研究方面，国外相关研究机构和公司已将柴油机电控系统的半物理仿真作为柴油机开发研究中的重要一环。在技术发展过程中，半物理仿真验证的复杂度也在逐渐提高，从最初的单一功能测试开始向综合控制功能测试方面发展。在此过程中，实时仿真工具的开发和应用为半物理仿真验证解决复杂问题提供了很好的解决方案。在 1999 年的 *Control Engineering Practice* 期刊上，德国达姆施塔特工业大学的 Isermann 等发表了题为 *Hardware-in-the-loop simulation for the design and testing of engine-control systems* 的论文，该论文较为详尽地介绍了作者所研发的废气涡轮增压柴油机控制系统的半物理仿真平台，该仿真平台包含柴油机仿真模型、真实的喷油泵、相关接口、传感器接口、真实的柴油机控制系统、执行器接口、传感器接口、用户接口和控制面板等，平台建立了增压器和柴油机扭矩的计算模型和数学模型，并利用 ADAMS 软件建立了工作环境模型和柴油机仿真模型，结合半物理仿真平台，有效开展了柴油机控制系统的报警、保护等功能的测试和验证工作[45]。在 2003 年，Isermann 等又发表了论文 *Design of computer controlled combustion engines*，文中详细介绍了作者新开发出的柴油机半物理仿真平台，该平台应用 MATLAB/Simulink 图像仿真软件包环境建立了柴油机仿真模型，具有友好的用户界面，以实现半物理仿真过程中对驾驶模拟结果的操作、数据记录和分析，此外，根据不同的输入条件，该平台可分别对控制单元、控制算法、执行器、ECU 和传感器的故障进行测试研究[48]。

相比国外，国内在柴油机电控系统半物理仿真方面的研究起步较晚，只有少数几所高校开展了相关研究，如清华大学、浙江大学、上海交通大学、北京理工大学等。浙江大学的李彬轩在 2001 年自主开发了一套柴油机电控系统半物理仿真平台，该平台可对柴油机的实时动态进行仿真，但是，该平台也存在诸多缺陷，如平台的设计过于理想化，对平台运行过程中的噪声影响因素和其他随机影响因素的处理较为简单，实验数据对具体机型的依赖性比较大，不利于系统的推广[49]。北京理工大学的王永庭等于 2005 年开展了柴油机各缸供油量不均匀调节的半物理仿真研究，利用三维等高线图（MAP）描述气缸压力，利用复杂的动力负载模型描述循环内的转速波动，利用所建立的半物理仿真平台进行了转速不均匀性调节试验[50]。大连理工大学的孔峰等针对共轴柴油机的特点设计了油轨压力与转速输出的简单模型，并且建立了共轴柴油机仿真系统对柴油机启动工况的性能进行测试验证[51]。图 1.11 为上海交通大学开发的柴油机系统半物理仿真验证平台，该平台可对柴油机燃烧与排放控制、柴油机电控系统等进行半物理仿真。

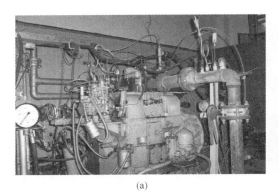

(a)　　　　　　　　　　　　　　　　　(b)

图 1.11　柴油机系统半物理仿真验证平台

1.5　RFID 动态性能半物理验证技术研究进展

作为物联网的核心传感技术之一，RFID 技术从 20 世纪 70 年代开始获得了迅猛的发展。最早的 RFID 设备仅仅是一个简单的共振模拟电路，随着微电子技术的发展，日益复杂的数字功能得以整合。最初 RFID 技术的应用主要是跟踪以及监控一些敏感领域（军事或核领域）的危险材料，随着传感器技术的发展，RFID 技术也渐渐应用于民用领域，尤其是动物跟踪、车辆和自动化生产线。1970 年，美国 IBM 公司工程师发明了条形码，但条形码必须在无障碍或污渍的条件下通过扫描窗口才能被便携式扫描器扫描到，障碍和污渍会降低或阻止读取操作。1999 年，麻省理工学院联合剑桥大学成立了 Auto-ID Center，并提出了产品电子代码（electronic product code，EPC）。EPC 的载体是 RFID 标签，旨在为全球每一件单品商品建立全球唯一的识别代码。从 1999 年起，在国际物品编码协会（GS1）以及统一代码委员会（Uniform Code Council，UCC）、IBM 等企业的推动下，RFID 的应用范围从简单的车辆、奶牛识别扩展到供应链追踪、生产环节管理、商贸运输等各种需要大规模管理和识别的行业，呈现出蓬勃的发展前景。光电传感器的发展同时也促使了 RFID 技术在无线识别领域的持续发展。光电传感能够成为物联网中获取外界信息的重要手段，可以很好地运用在 RFID 系统中的距离检测、角度检测等测试环节，尤其是在超高频 RFID 自动识别中，光电传感器在获取识别距离、识别率以及角度等参数的手段中占据了重要的地位[52, 53]。

随着光电传感器在物联网中的广泛应用，对于传感系统性能测试尤其是动态性能的测试，仍缺少一套完整的测试分析理论，而动态性能测试是衡量传感系统性能优劣的重要依据。

国家射频产品质量监督检验中心（江苏）联合南京航空航天大学科研人员通过 5 年多的合作攻关，提出了一套基于光电传感技术的 RFID 多标签-读写器（天线）-机械传动装置协调控制的半物理检测方法理论[54]，并分别研发了单品级、托盘级、包装级、大功率级等 RFID 系统半物理仿真验证核心控制电路以及实验平台[55-60]（图 1.12）。该系列专利成果获得第十六届中国专利奖。

(a) 控制系统电路

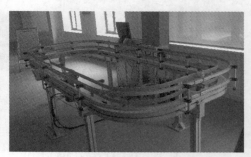
(b) 单品级检测系统

(c) 包装级检测系统

(d) 托盘级检测系统

图 1.12　国家射频产品质量监督检验中心（江苏）研制的 RFID 产品动态检测平台

下面将分别对这四种典型物联网环境下 RFID 动态性能测试半物理验证方法以及实验平台搭建展开叙述。

1.5.1　单品级 RFID 标签半物理测试系统

单品级 RFID 应用属于最小级别货品的识别应用，即使用 RFID 标签代替条形码标签，粘贴于每一个商品外壳上，这种方式广泛应用于零售业、高端酒、医疗器械和药品管理、设备管理等领域。可以对最小单位的货品进行跟踪和控制，对于零售端的销售有利；通过在每个标签上写入该商品的生产地、质量监督部门等数据，还可以协助商品销售和使用单位迅速获得该商品的生产和质量检查等信息，避免假冒伪劣产品的鱼目混珠，侵害消费者利益。以医疗机构为例，对于单品（含标签）的监督和管理，可以提高取药用药的正确性，增加原有药品不含的信息（如患者身份、患者位置等），提高血液调度的时效性，通过管制药品运送授权和实体验证，降低使用假冒药品的可能。

单品级 RFID 动态半物理验证系统分为以下三个子系统。

（1）传输带系统（PLC 控制可调速转弯输送机）：实现基本检测验证平台的搭建。

（2）数据采集系统（读写器、天线及电缆）：实现 RFID 单品识别（读/写）速率测试、射频标签防碰撞性能测试的原始数据采集处理。

（3）高精度测距系统（高精度激光测距传感器和控制器）：实现 RFID 单品识别（读/写）范围测试的原始数据采集处理。

图 1.13 为单品级 RFID 半物理验证平台技术方案图，在物流输送线上传输的物品表面贴上 RFID 标签，在物流输送线侧面安装 RFID 读写器和天线，在天线边安装两个激光测距传感器（记为激光测距传感器 1 和激光测距传感器 2）；当物流输送线设定某一固定速度运动时，贴有 RFID 标签的物品进入 RFID 天线辐射场，

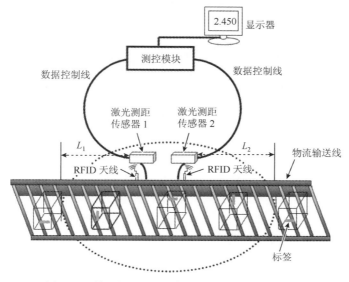

图 1.13　单品级 RFID 半物理验证平台技术方案图

RFID 天线感应到 RFID 标签反射的射频信号，与 RFID 天线连接的 RFID 读写器串口发出跳变信号；RFID 读写器通过串口通信的方式将跳变信号发送给光束正对物品方向的激光测距传感器 1，启动测距程序，测量 RFID 天线到 RFID 标签之间的距离值 L_1，并将该距离值存储在测控模块内存中。相应地可测得 L_2。

检测平台实物图如图 1.14 所示。RFID 天线选用美国 Impinj 公司的 Mini Guardrail 天线，该天线为近场天线，最大识读距离为 100mm。RFID 读写器选用美国 Impinj 公司的 Speedway Revolution R220 读写器。激光测距传感器选用瑞士 Baumer 公司的 OADM 12 型激光测距传感器，该传感器测量距离范围为 16～120mm。数据载波协议为 ISO/IEC 18000-6，并且读写器对标签只进行读操作。

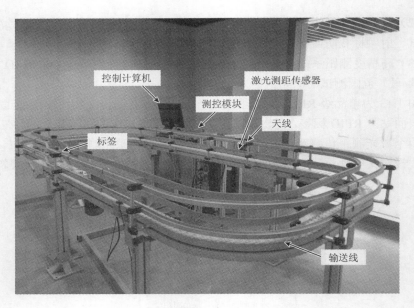

图 1.14　单品级 RFID 半物理验证平台实物图

1. 实验平台的系统总体框架

半物理验证系统的设计分为硬件和软件两部分。硬件部分主要由 RFID 天线、RFID 读写器、激光测距传感器、编码计数器、物流输送线模拟测试平台、PC、数据控制线等组成。软件部分由读写程序、测距程序等组成，如图 1.15 所示。实现物联网环境下 RFID 识读范围自动测量，探究不同环境干扰对传感器性能影响，借助理论模型对光电传感器进行优化，提高其半物理仿真验证性能。

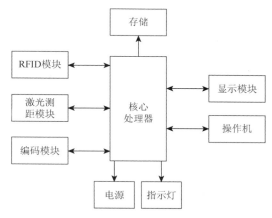

图 1.15　系统总体框架图

2. 激光测距模块

激光传感器因其具有测量精度高、速度快、方向性好、设备结构简单等优点而受到广泛重视。在测距领域，激光的作用更是不容忽视，激光测距是激光最早的应用领域。主流的激光测距仪可分为脉冲激光测距和相位激光测距两种。脉冲激光测距仪结构原理示意如图 1.16 所示。激光测距设备对准测量目标，发送光脉冲，光脉冲在经过光学镜头时，一束被透镜前的平面镜反射，进入激光反馈计时模块，经光电转换及放大滤波整流后，电平信号送入时间数字转换芯片的开始计时端；另一束激光脉冲经过透镜压缩发散角后，向前传播，遇到目标障碍物后发生漫反射，部分激光返回到激光接收处理电路，同样地，经过光电转换及放大滤波整流后，所形成的电平信号送入时间数字转换芯片结束计时端，即完成整个测量过程。

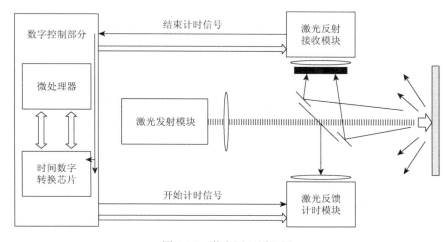

图 1.16　激光测距原理图

在整个系统中，将激光测距传感器通过串口通信的方式与 RFID 读写器、天线、控制器等连接，实现了多器件组合应用模式。当激光测距传感器接收到 RFID 读写器输出的跳变信号后，启动测序程序，测量 RFID 天线到 RFID 标签之间的距离值，并将该距离值存储在测控模块内存中。

测距系统实物如图 1.17 所示，图（a）为激光测距传感器模块，图（b）为数字控制模块，系统自带 5V 电源系统，通过盒内微处理器控制两侧激光测距传感器的运行。测距系统与读写器系统通过转换器连接，转换器上有两个接口，一个接口连接测距系统，另一个接口连接读写器系统。

 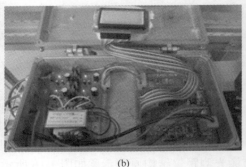

(a)　　　　　　　　　　　　　　　　　(b)

图 1.17　测距系统实物图

3. 红外线计数传感器模块

在传输带内外两侧分别安装红外线计数传感器，对准左右两个方向，方便正反转动计数。计数器与电动机连接，启动传输带，计数器开始工作，当计数达到输入圈数时，计数器发送命令使电动机停止运转。编码计数器模块如图 1.18 所示。

 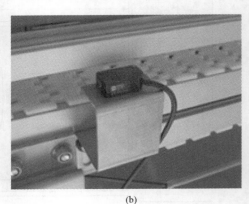

(a)　　　　　　　　　　　　　　　　　(b)

图 1.18　编码计数器实物图

控制系统常采用的计数传感器多为对射式红外计数器，这类计数传感器的光发射、接收部分需分别设置在被控区域的两侧，在中间如有物体通过就遮挡一下光线，输出脉冲信号触发计数电路，但其安装、维修不便，且易出故障。而反射式红外计数传感器克服了上述入射式红外计数传感器的不足，它的光发射、接收为一体化器件，安装在被控区的一侧，当探头前有一个物体出现，就把发射头的红外线反射给接收头，探头输出一个脉冲给计数器计数。

计数器采用红外线遮光方式，利用红外对射管作计数传感器。当有物体通过时，光被遮挡住，接收模块输出一个高电平脉冲，对此脉冲进行计数，就可实现对物品计数，间接实现转动圈数统计。

反射式红外计数器电路的工作原理是：该电路由光电输入电路、脉冲形成电路和计数与显示电路等组成，利用被检测物对光束的遮挡或反射，从而检测物体的有无。物体不限于金属，所有能遮挡或反射光线的物体均可被检测。红外对射管将输入电流在发射器上转换为光信号射出，接收器再根据接收到的光线的强弱或有无对目标物体进行探测。每当物件通过红外对射管中间一次，红外光被遮挡一次，光电接收管的输出电压发生一次变化，这个变化的电压信号通过放大和处理后，形成计数脉冲，去触发一个十进制计数器，便可实现对物件的计数统计。编码计数器原理总体框图如图 1.19 所示。

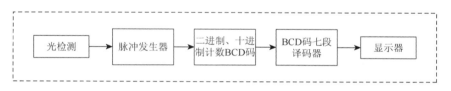

图 1.19　编码计数器原理总体框图

4. 射频识别模块

射频识别模块主要由 RFID 读写器、天线、标签及后台管理系统组成。读写器经过发射天线向外发射信号，RFID 无源标签进入磁场后，接收读写器天线发出的射频信号，凭借感应电流所获得的能量，将存储在芯片中的产品信息发送出去。读写器接收信息并解调解码后，送至后台信息处理系统进行有关数据处理。

射频识别模块实物图如图 1.20 所示，图（a）为读写器，图（b）为天线，它们通过数据线连接。

5. 系统测试流程

RFID 读写器通过串口通信的方式将以上产生的跳变信号发送给光束正对物品方向的激光测距传感器 1，启动测距程序，测量 RFID 天线到 RFID 标签之间的

　　　　　(a)　　　　　　　　　　　　　　　　　(b)

图 1.20　射频识别模块实物图

距离值，并将该距离值存储在测控模块内存中。

　　将存储在测控模块内存中的多个距离值求和后除以测试次数，获得平均距离值 L_1，再给物流输送线设定逆时针运动，RFID 读写器通过串口通信的方式将跳变信号发送给光束正对物品方向的激光测距传感器 2，重复以上步骤，获得平均距离值 L_2。

　　最后，确定平均距离值 L_1 和平均距离值 L_2 分别为 RFID 天线两侧最大识读距离，它们之间的范围为 RFID 识读范围。

1.5.2　托盘级 RFID 标签半物理测试系统

　　在 RFID 智能仓库和档案管理中，将 RFID 标签贴于仓库内的货物、托盘、集装箱甚至单品上，标签内包含物品信息。物资的物理移动结果由标签与读写器进行记录和自动处理，可以实现自动盘点，实时了解货品的位置和存储信息，并实现货物自动进库、自动出库和自动化管理。托盘级 RFID 应用半物理仿真验证用于模拟 RFID 标签进出闸门的物联网应用场景，测试项目包括识别（读/写）范围测试、识别（读/写）速率测试、多标签防碰撞性能测试、射频标签贴标位置优化测试等。

　　托盘级 RFID 动态半物理仿真验证系统由以下四部分组成。

　　（1）托盘级 RFID 应用半物理仿真验证进出库模拟输送系统：可模拟叉车进出库动作，配合传感器完成 RFID 系统多标签识读性能测试，识读范围测试等应用级动态测试。

　　（2）托盘级 RFID 应用环境识读范围半物理仿真验证系统：实现远场 RFID 系统最大识读范围半物理仿真验证、RFID 多标签系统防碰撞识读（读/写）范围半物理仿真验证等设计托盘级 RFID 应用半物理仿真验证环境下识别（读/写）范围测试。

（3）RFID 远场数据采集与识读性能测试系统。

（4）龙门架、架设测试天线和标签读写装置。

1. 托盘级 RFID 半物理仿真验证系统结构

托盘级 RFID 半物理仿真验证系统原理图如图 1.21 所示，主要由货物传输带、托盘、闸门、天线、激光测距传感器、光学升降平台和标签组成。

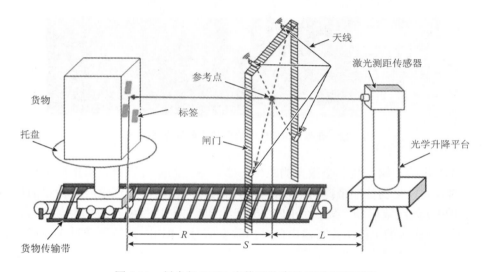

图 1.21　托盘级 RFID 半物理仿真验证系统原理图

托盘级 RFID 应用检测系统实物图如图 1.22 所示，RFID 读写器选用 Impinj 公司的 Speedway Revolution R420 超高频读写器。读写器天线选用 Larid A9028 远场天线，最大识读距离约为 15m。激光测距传感器选用 Wenglor 公司的 X1TA101MHT88 型激光测距传感器，货物表面无需安装反射板，该传感器测量距离范围为 15m，精度为 2μm。

2. 测试流程

整个半物理仿真验证系统模拟货物进出库步骤，在货物传输带上架设托盘，托盘上放置货物，货物上安装反射板，设定托盘托举高度和货物传输带传输速度，托盘在货物传输带上匀速传动以模拟叉车进出闸门的动作。在货物表面贴上 RFID 标签，在闸门上安装一个 RFID 读写器和多个 RFID 天线，在正对

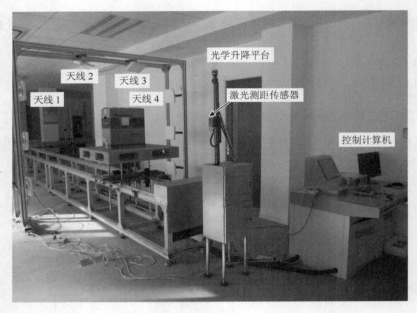

图 1.22　托盘级 RFID 半物理仿真验证系统实物图

货物传输带的一侧安装一个激光测距传感器，激光测距传感器光束指向货物进入闸门的方向。货物传输带连同架设托盘向闸门方向运动，贴有 RFID 标签的货物进入 RFID 天线辐射场，某一个 RFID 天线感应到 RFID 标签反射的射频信号，与 RFID 天线连接的 RFID 读写器串口发出跳变信号。RFID 读写器通过串口通信的方式将产生的跳变信号发送给激光测距传感器，同时将 RFID 天线的标号也发送给激光测距传感器，启动测距程序，测量激光测距传感器到反射板的距离值。最后计算出 RFID 天线到 RFID 标签的距离值，作为闸门入口环境下 RFID 识读范围。

3. 软件架构和实现流程

托盘级 RFID 半物理仿真验证系统软件架构如图 1.23 所示。整个软件系统由四个模块构成，分别是应用层接口模块、系统参数配置模块、测试协议模块和数据存储模块，各模块间进行相关参数及命令的传递，该软件系统通过物理层接口与 RFID 系统在线检测平台互联互通。具体如下。

（1）应用层接口模块。该模块处于整个 RFID 半物理仿真验证系统软件的最顶层，在人机交互应用程序层与测试协议层之间发挥桥梁的作用，用户在人机交互界面做出的操作指示信息就是通过应用层接口模块传递到测试协议层的。传递的这些操作指示信息实际上被整合成具有固定格式的命令数据包，测试协议模块和系统参数配置模块根据这些命令完成相应的任务。

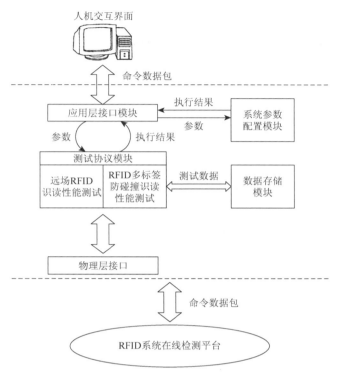

图 1.23　托盘级 RFID 半物理仿真验证系统软件架构图

（2）系统参数配置模块。测试系统根据客户需求，通过系统参数配置模块对 RFID 读写器和天线进行配置操作。进入系统后需要对读写器进行参数配置，包括读写器 IP 地址、读取模式、查找模式、会话模式、输出端口、输出电平等，配置过程结束后进行设置保存。在进行远场 RFID 识读性能测试和 RFID 多标签防碰撞识读性能测试时，连接读写器之后也需要进行参数的设置，如读写器的发射功率、接收灵敏度、测试次数等相关的数据。

（3）测试协议模块。该模块是 RFID 系统半物理仿真验证平台的核心部分，主要任务是完成各项测试项目。根据客户需求，当前可进行远场 RFID 识读性能测试和 RFID 多标签防碰撞识读性能测试这两个测试项目。同时协议测试模块具有可扩展性，未来可根据技术发展和测试需求增加开发新的测试项目。测试协议模块可与其他模块进行数据命令交换，实现参数配置、数据存储、测试结果显示等功能。

（4）数据存储模块。远场 RFID 识读性能测试和 RFID 多标签防碰撞识读性能测试结束后，在实时显示测试结果的同时，数据存储模块会进行数据保存，以便进行"导出数据"操作。

托盘级 RFID 半物理仿真验证系统软件部分流程图如图 1.24 所示。

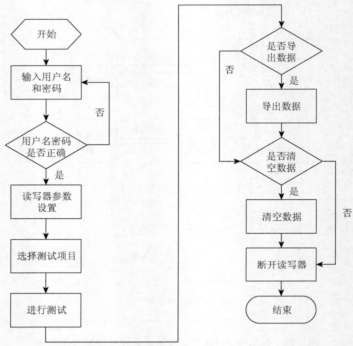

图 1.24　托盘级 RFID 半物理仿真验证系统软件部分流程图

1.5.3　包装级 RFID 标签半物理测试系统

在物流供应链中，产品成打或成箱包装，可以在纸箱或包箱容器上粘贴 RFID 标签，来追踪及辨识纸箱或包箱容器的形状、位置及交接货物的数量和历经的各物流链环节。对于批量进货需要以箱为单位的出货操作，这种包装应用方法比单品货物的拣货、包装和出货更为方便。物流供应链的建设需要在流水线上及时粘贴 RFID 标签，并在货物装配完成后使用读写器向粘贴在货品上的 RFID 标签写入装配信息，在货物出场时，只需读取标签信息，即可获知货物各零部件是否装配齐全，保障商品的安全生产，并为供应链的下一环节单位提供商品生产信息。RFID 包装级动态半物理仿真验证系统可以模拟包装级 RFID 典型应用的环境和运行状态，该测试平台主要针对较小物品的集合包装级 RFID 应用，不适用于汽车等大型设备的装配线。

包装级 RFID 半物理仿真验证系统分为以下三个子系统。

（1）环形传输带系统（PLC 控制可调速转弯输送机）：实现基本半物理仿真验证平台的搭建，模拟 PVC 皮带、碳钢滚筒等典型输送环境。

（2）数据采集系统（读写器、天线及电缆）：实现 RFID 标签识别（读/写）速率测试、射频标签防碰撞性能测试的原始数据采集处理。

（3）高精度测距系统（高精度激光测距传感器和控制器）：实现 RFID 标签识别（读/写）范围测试的原始数据采集处理。

1. 包装级 RFID 半物理仿真验证系统总体架构

该半物理仿真验证平台的设计目标是：模拟多种模式的物流生产流水线，并在此环境下对待测 RFID 产品（RFID 读写器、RFID 标签）的识读距离进行实时、实况、高精度的测量。为了实现这个目标，半物理仿真验证平台分成五个基本模块，分别是物流输送线模块、RFID 天线和读写器模块、测距传感器模块、测控模块和显示模块。当贴有 RFID 标签的包装箱在物流输送线上以一定的速度通过测试闸门时，RFID 天线和读写器模块要能够准确地识别出来，并将读取的标签信息传递给测控模块，与此同时测距传感器模块根据测距算法测量出标签与 RFID 天线之间的距离，并传送给测控模块进行计算分析，得出该电子标签的识读距离，最终显示模块将此识读距离和相应的标签信息展现给用户，原理图如图 1.25 所示，实物图如图 1.26 所示。

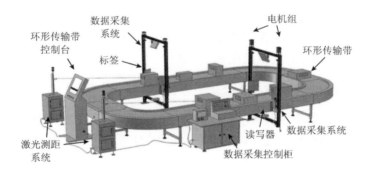

图 1.25　包装级 RFID 半物理仿真验证系统原理图

从图 1.25 可以看出，整个包装级 RFID 半物理仿真验证平台由八个组件构成，分别是数据采集系统、激光测距系统、数据采集控制柜、环形传输带、环形传输带控制台、电机组、标签与读写器。按功能分为以下四个子系统。

（1）轨道运行控制系统。该系统负责轨道运行速度调整、正反转控制、单点控制等功能。

（2）RFID 天线控制系统。该系统负责天线接收面角度调整、角速度调整，1 个天线需要 2 个电机同时进行前后调整及左右调整，整个系统要有人机界面。电机对外电磁干扰要小，否则会影响整个系统的稳定性和测量精度。

图 1.26　包装级 RFID 半物理仿真验证系统实物图

（3）标签识别系统。该系统包含标签读卡器，能识别电子标签的 ID 信息、磁场强度、物品信息等。

（4）测距系统。该系统包括高性能处理器和高精度的激光传感器，用于识别 RFID 天线识别系统传送过来的控制信息、识读距离、电子标签内含信息等。并与 PC 实时联机，将最终测量结果在 PC 上显示。

2. 包装级 RFID 半物理仿真验证平台控制子系统

控制子系统是整个包装级 RFID 动态半物理仿真验证系统的核心组件，由三个部分组成，分别是轨道运行控制子系统、RFID 天线控制子系统和测距子系统，实物图如图 1.27 所示。

图 1.27　包装级 RFID 半物理仿真验证系统控制子系统实物图

（1）轨道运行控制子系统负责传输带的控制与调节，其功能包括轨道运行速度的设置与调节、轨道运行方向控制（包括顺时针、逆时针两个传输方向）和单点控制。

（2）RFID 天线控制子系统可根据客户需求，通过人机交互界面实现对天线接收面角度及角速度的调整与控制。1 个天线配备 2 个电机，可同时进行前后调整和左右调整。在电机的选择上，需要具备良好的抗电磁干扰的属性，否则会影响整个系统的稳定性及测量精度。

（3）测距子系统由高性能处理器和高精度激光测距传感器组成，用于识别来自 RFID 天线识别系统的控制信息、识读距离信息和标签信息等。测距系统与客户终端实时联机，并将最终测量结果通过客户终端展现给客户。

3. 包装级 RFID 识读距离间接测距算法设计

识读范围测量采用间接测量的方式，分为单标签系统间接测距法和多标签系统间接测距法两种。包装级 RFID 半物理仿真验证平台测控算法流程如图 1.28 所示。

1.5.4　大功率级 RFID 标签半物理测试系统

大功率级 RFID 标签长距离识读动态测试系统主要针对识读距离在 15～25m 的 RFID 长距离识别系统，其半物理仿真验证系统一般主要由以下部分组成：导轨、测量对象（带有 RFID 标签的包装箱）、激光测距传感器、RFID 天线、RFID 读写器、主控计算机、系统控制箱、同步电机等。该半物理仿真验证方案示意图如图 1.29 所示，实物图如图 1.30 所示。

大功率级 RFID 标签长距离识读动态半物理验证平台主要包括以下四部分。

（1）机械控制。轨道控制柜上有"启动""停止""正转""反转""高、中、低速切换""急停"共六个控制按钮。上电后，通过这六个控制按钮来控制轨道驱动电机的工作，带动轨道上包装箱（或承载 RFID 标签的样品架）移动。

（2）天线控制。登录系统软件，系统连接成功后，操作系统软件，调节电机，使电机上升或下降，带动天线上移或者下移。

（3）RFID 测量系统。首先通过软件进入系统，对设备进行连接，主要分为天线连接和 RFID 读写器、激光测距传感器、电机设备连接两部分。在天线连接部分，当进入软件系统后，点击"天线连接"按钮，当"天线功率"文本框出现数据时，表示天线连接成功。在 RFID 读写器、激光测距传感器、电机设备连接部分，进入系统软件操作界面后，当"系统断开""电机上升""电机下降""电机复位"按钮由灰色变为黑色时，表示设备连接成功。最后，设置相关参数，主要考虑的设置参数如下：天线功率，天线连接成功后，在"天线功率"文本框输入数

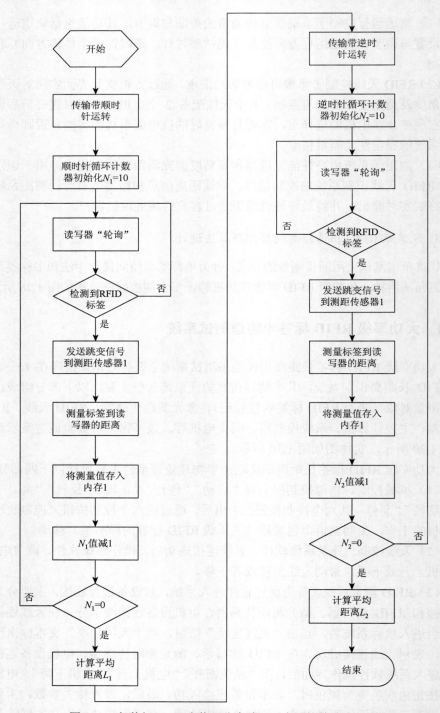

图 1.28　包装级 RFID 半物理仿真验证平台测控算法流程图

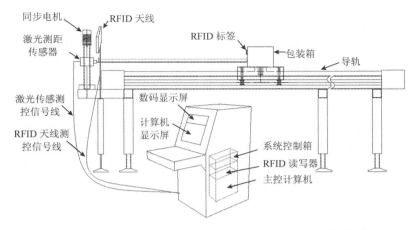

图 1.29　大功率级 RFID 标签长距离识读动态半物理仿真验证系统测量方案示意图

图 1.30　大功率级 RFID 标签长距离识读动态半物理仿真验证系统实物图

据，再点击"功率设置"按钮即可。天线功率设置完成后，设置标签个数、测量场景等参数。

（4）标签测量。主要分为单标签测量和多标签测量。标签测量一般包括以下几个步骤：进入软件系统操作界面，设置标签测试时"天线功率"、设置标签数量、测试场景根据需要设置为"高速""中速"或"低速"。单标签测量测试读写器对于单个标签的识读距离，多标签测量测试读写器对于多个标签的识读距离和识读率。

1.6　本 章 小 结

第二次世界大战以后，随着对精确打击武器的需求越来越多，武器研制成本急剧增加，为了有效降低武器研制的成本，美国、欧盟、日本、俄罗斯等发达国家和地区先后开展了半物理仿真技术的研究，它是介于物理仿真与数学仿真之间的一种先进的仿真验证方法。半物理仿真验证有效地结合了物理仿真验证和数学仿真验证的优点，有效地降低了精确制导武器和航空航天装备的研发成本。本章是对本书涉及的一些基本概念如物理仿真、数学仿真、半物理仿真等的初步介绍，并重点围绕半物理仿真验证技术的发展历史、光电传感技术在半物理验证测试中的应用以及 RFID 动态性能半物理验证技术的研究进展等展开综述。分别介绍了军事领域中光电传感技术在半物理验证中的应用和民用领域中光电传感技术在半物理仿真验证中的应用，在军事领域，分别介绍了精确制导武器试验、空间对接和小卫星研制、航空工业中的基于光电传感的半物理仿真平台研制与应用；在民用领域，分别从水质检测、室内定位、智能电网、汽车工程、柴油机电控等方面介绍了基于光电传感的半物理仿真验证技术研究进展。最后，重点介绍了单品级、托盘级、包装级、大功率级四种 RFID 动态性能半物理验证系统的原理、结构及测试流程，不仅使读者对基于光电传感技术的物联网半物理仿真验证新技术的基本概念和研究背景有所了解，同时为本书其他章节的研究奠定了基础。

第 2 章　RFID-MIMO 系统多天线最优接收理论及半物理验证

　　半物理仿真的基础是数学模型，而作为一个典型的物联网应用系统，RFID 多标签-多读写器系统的信道模型是其半物理仿真的基础。本章针对 RFID 多标签-多读写器系统抗干扰问题开展建模分析，而本章建立的信道模型也是后面章节半物理仿真验证的基础。随着标签数目的增加，在 RFID 系统动态测试中，防碰撞问题是一个重要的基础问题[61, 62]。本章参考移动通信系统的信道理论和 RFID 系统的特点，针对 RFID 多标签-多读写器系统的防碰撞，将 RFID 多标签-多读写器系统建模为 RFID-MIMO（multi-input multi-output）系统，对 RFID-MIMO 信道理论进行分析讨论，并进行相关的半物理验证，借助 MIMO 理论对 RFID 多标签防碰撞机理开展研究。

　　非 MIMO 系统用几个频率通过多个信道链接，而 MIMO 信道具有多条链路，工作在相同频率，从而在不增加信号带宽的基础上加长 RFID 的读写距离、降低 RFID 的系统误码率以及提高标签的读写速率[63]。对于 RFID-MIMO 系统，日本岩手大学的 Terasaki 教授的科研团队对应用于 RFID 系统的负载调制无源 MIMO 传输进行了实验评估[64]；加拿大不列颠哥伦比亚大学的 He 的科研团队对 RFID-MIMO 系统反向散射的性能进行了分析[65]；德国杜伊斯堡-埃森大学的 Zheng 的科研团队则研究了 RFID-MIMO 系统中的空时编码问题[66]。针对 MIMO 系统中标签或天线的角度对标签通信性能的影响，南京信息工程大学的李峻松等提出一种在多天线 MIMO 信道相关性建模中的小角度扩展近似理论算法，并应用于分析 MIMO 系统性能[67]；中国人民解放军信息工程大学的徐尧等通过分析天线的角度扩展、多径对信道特征值分布的影响，给出了基于特征值分布的自适应 MIMO 接收切换的条件[68]。以上对于 RFID-MIMO 系统的研究，多集中于算法的提出以及对系统天线性能的研究，而对于系统中多标签几何分布对系统识读性能影响的研究较少，从本质上说，算法的研究属于软件防碰撞的方法，而本章研究的多标签几何分布对识读性能的影响则属于物理防碰撞的范畴，而这正是本书研究的创新之处。

　　本章引入 MIMO 分析方法，建立了 RFID 多标签-多读写器系统对应的 RFID-MIMO 模型，并进行深入分析，从机理上给出了物理防碰撞的解决思路和优化方法。然后，根据光电传感技术原理，将激光测距传感器、RFID 读写器、机械传输平台、控制系统等通过串口连接，设计和搭建了一种符合 EPCglobal 标准的 RFID 识读性能半物理验证平台，并提出了基于光电传感的 RFID 识读距离测试方法，能够分别对单标签、多标签系统进行间接测距，最后，通过半物理实验平台对上述理论方法与仿真结果进行了实验与验证，结果表明，系统设计可行且具有高精度、自动化、易操作、稳定可靠等特点。

2.1 MIMO 无线通信技术

对于传统的无线通信系统，一般采用一个发射天线对应一个接收天线，这种系统称为单输入单输出（single-input single-output，SISO）系统。对于这种系统，香农提出了一种计算信道容量的公式，能够计算该 SISO 系统中通信的上限速率。这也成为现代通信中只能一点点靠近却无法超越的瓶颈。为了提高通信系统的信道容量，有以下四种方式：增加基站的数目、扩宽信号传输的带宽、将系统的发射功率提高以及使用分集技术。然而，增加基站数目以及扩宽信号传输带宽意味着更高的成本与更加昂贵的代价，而提高发射功率这种方式对人体健康有较大的安全隐患，也无法采用。因此，使用分集技术是最好的选择。现阶段，如果接收天线采用多元阵列天线，发射天线仍然为单天线，则这种系统称为单输入多输出（single-input multi-output，SIMO）系统。如果发射天线采用多元阵列天线，接收天线仍然为单天线，则这种系统称为多输入单输出系统（multi-input single- output，MISO）。随着 SIMO、MISO 两种技术的进一步发展，就诞生了一种新的系统，在接收与发射端都使用多元阵列天线来提高信道容量，这种系统就是 MIMO 系统。MIMO 系统的信道容量能够超越香农容量的限制，相对 SIMO、MISO 系统大大提高了系统的信道容量，信道容量会随天线数的增加而增加。由于信号传输中的各种空时频域特性都得到了充分利用，MIMO 系统有着以下一些优点。

（1）MIMO 技术能够全方面利用多径衰落的不同技术，更好地提高整个系统的通信性能。

（2）通过自适应波束形成技术、多用户监测技术，MIMO 系统可以有效抑制或消除共道干扰。同时会降低功率的消耗。

（3）MIMO 技术可以在额外功率、信号带宽不变的情况下，提高信道容量，整个频谱的效率也会相应提高。增加发射天线与接收天线两端的信噪比，信号的覆盖范围也会大大提高。

随着 RFID 研究的深入和 MIMO 通信的快速发展，RFID 与 MIMO 通信交融建立起来的 RFID-MIMO 系统也受到物联网界的广泛关注。在实际应用中，RFID 技术常需要对标签进行批量处理。在接收多标签的信号时，不同标签的信号会相互干扰，导致信号出现反射、绕射以及散射。MIMO 技术能够在 RFID 中通过近场空间复用和远场空间分集排除信号干扰，提升 RFID 系统的可靠性与抗衰落的能力。非 MIMO 系统用几个频率通过多个信道链接，而 MIMO 信道具有多条链路，工作在相同频率，从而在不增加信号带宽的基础上加长 RFID 的读写距离、降低 RFID 的系统误码率和提高标签的读写速率。

2.2　RFID-MIMO 系统信道模型

RFID-MIMO 系统由 M 个坐标分别为 $Z_m = (x_m, y_m)^{\mathrm{T}}(m = 1, \cdots, M)$ 的读写器天线阵列与标签阵列组成，以各自阵列中心为参考点，定义方位角 θ 为标签阵列与天线阵列垂直面的夹角，如图 2.1 所示。标签单元间距为 d_a 倍波长，而天线单元间距为 d_b 倍波长。

令 n 时刻天线单元发射的基带信号列向量为 $s[n]$，则接收阵列接收到的一个目标的回波信号可写为

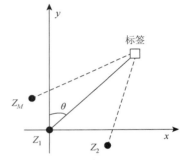

$$y[n] = \alpha A(\theta) s[n] + w[n], \quad n = 1, \cdots, N \quad (2.1)$$

其中，α 为标签对应复振幅；$A(\theta)$ 为接收矩阵；$w[n]$ 为噪声矩阵。$A(\theta)$ 可以表示为以下形式：

图 2.1　RFID-MIMO 系统结构示意图

$$A(\theta) = a(\theta) a^{\mathrm{T}}(\theta) = [A_1(\theta), \cdots, A_M(\theta)] \quad (2.2)$$

信号的相关矩阵为

$$R_s = \begin{bmatrix} 1 & \beta_{12} & \cdots & \beta_{1M} \\ \beta_{21} & 1 & \cdots & \beta_{2M} \\ \vdots & \vdots & & \vdots \\ \beta_{M1} & \beta_{M2} & \cdots & 1 \end{bmatrix} \quad (2.3)$$

其中，$a(\theta)$ 为导向矢量；β_{ij} 为标签 i 与标签 j 的相关系数，当天线的发射波束指向法线方向时，标签发射信号间相关系数的相位为零，此时 $\beta_{ij} = \beta_{ji} = \beta(\beta \in [0,1])$，因此当发射相关信号时，$\beta = 1$；当发射正交信号时，$\beta = 0$。

在高斯白噪声环境下，信噪比 $\mathrm{SNR} = \dfrac{N|\alpha|^2}{\sigma^2}$，$N$ 为采样点数，σ^2 为采样信号的方差，$|\alpha|$ 为复振幅的模，对多标签空间参数 θ 估计的 Cramer-Rao 界（CRB）可以表示为[69]

$$\text{CRB}(\theta) = \cfrac{1}{2\text{SNR}\left(M\dot{a}^{\text{H}}(\theta)R_s^{\text{T}}\dot{a}(\theta) + a^{\text{H}}(\theta)R_s^{\text{T}}a(\theta)\|\dot{a}(\theta)\|^2 - \cfrac{M\left|a^{\text{H}}(\theta)R_s^{\text{T}}\dot{a}(\theta)\right|^2}{a^{\text{H}}(\theta)R_s^{\text{T}}a(\theta)}\right)} \tag{2.4}$$

由式（2.4）可以得到如下结论：CRB 与信噪比 $N|\alpha|^2/\sigma^2$ 成反比，即采样点数越大，信噪比越高，CRB 越小，RFID-MIMO 系统估计性能越好。CRB 与信号的导向矢量 $a(\theta)$ 以及标签的个数有关。另外，CRB 与发射信号波形的相关矩阵有着密切的关系。当标签给定个数的情况下，通过改变发射信号的波形可以获得不同的 CRB，因此 CRB 可以作为发射波形优化设计的一种衡量准则。

如果 α 未知，当发射信号互相正交时，信号相关矩阵 R_s 为单位矩阵，则式（2.4）变为

$$\text{CRB}(\theta) = \cfrac{1}{8NM\cfrac{|\alpha|^2}{\sigma^2}\left(\displaystyle\sum_{k=-(M-1)/2}^{(M-1)/2}k^2\right)(\pi\cos\theta)^2(d_b^2 + d_a^2)} \tag{2.5}$$

从式（2.5）可以看出，当发射正交信号波形时，CRB 与导向矢量的关系变为直接与标签单元间距、天线单元间距和标签个数有关，且随着标签单元间距的增大而减小，从而可以通过增大标签单元间距来获得更优的 CRB，这符合 RFID-MIMO 系统标签单元要充分展开，以便获得更好的参数估计性能的普遍认识。

对于已经精确知道 α 的情况，只需要估计 θ 和 σ^2。由于估计 σ^2 并不影响对 θ 的估计，因此 θ 估计的 CRB 为

$$\text{CRB}(\theta) = \cfrac{1}{2\text{SNR}\left(M\dot{a}^{\text{H}}(\theta)R_s^{\text{T}}\dot{a}(\theta) + a^{\text{H}}(\theta)R_s^{\text{T}}a(\theta)\|\dot{a}(\theta)\|^2\right)} \tag{2.6}$$

其中，$\|\cdot\|$ 表示矩阵的范数。

CRB 总是随着估计更多的参数而增加，由于导向矢量采用标签单元中心为参考点的原因，在发射正交信号的情况下，式（2.4）分母中的第 3 项将等于 0。由此式（2.4）将等于式（2.6），即是否已知目标的幅度 α 对发射正交信号的 RFID-MIMO 系统估计的 CRB 并没有影响。

在 RFID-MIMO 系统的通信中，采用时分双工（time division duplex，TDD）的模式进行双工通信。在 TDD 系统中，RFID-MIMO 系统的标签到读写器天线的上下行链路采用了相同频率的信道，具有基本相同的传输特性，因此在电磁波传输的路径上，回程和去程两个方向的电磁波将会经历相同的反射、折射、衍射等物理扰动，此时可以认为上下信道具有相同的衰落特性，因此可以把上行信道的信道状态当做下行信道的信道状态，即上下信道具有互易性。令 H_u 表示在上行链路上检测到的上行信道状态矩阵，令 H_d 表示在下行链路上检测到的下行信道状态

矩阵，则 TDD 系统的上下行信道互易性可以描述为[70]

$$H_u = H_d^{\mathrm{T}} \tag{2.7}$$

其中，上标 T 表示矩阵的转置。上下行接收和发送时，一方的估计结果可以直接被另一方利用。因此式（2.4）中对多标签空间参数 θ 的估计结果可以直接在读写器多天线系统分析中采用。

2.3　RFID-MIMO 系统仿真与分析

通过计算机仿真模拟 MIMO-RFID 系统对标签方位角 θ 的估计 CRB。在数值模拟中假设 RFID 系统由 M 个排成直线的标签单元和天线单元组成，皆为均匀线阵，单元间距为半个波长，质心取在原点。不同标签数目对应的方位角 θ 的估计 CRB 如图 2.2 所示。

图 2.2 给出了读写器天线发射正交信号 $(\beta = 0)$ 和相干信号 $(\beta = 1)$ 对应的 CRB 仿真图，其中标签个数分别为 2、4、6、8、10、100，信噪比 SNR=20dB。由此可以得出以下结论。

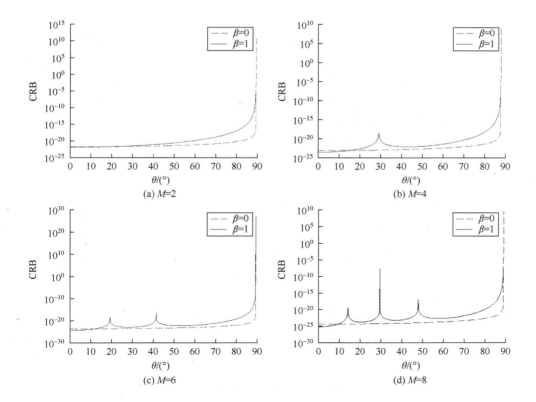

(a) M=2　　(b) M=4　　(c) M=6　　(d) M=8

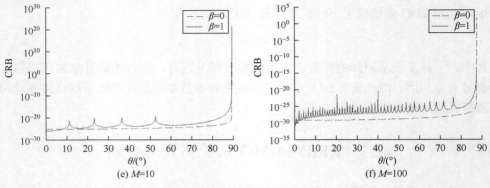

图 2.2　不同标签数目下的 CRB

（1）当读写器天线与标签阵垂直面夹角 θ 接近 90° 时，CRB 非常大，无论系统中存在几个标签、天线发射信号正交或者相干，都不能进行有效的估计，标签的识读性能很差。

（2）当读写器天线发射信号正交时，随着天线与标签阵垂直面夹角 θ 的变化，CRB 比较平稳，标签反射信号间没有干扰，因此估计的精度基本保持不变，标签的识读性能比较稳定。

（3）当读写器天线发射相干信号时，随着天线与标签阵垂直面夹角 θ 的增加，标签反射信号间的干扰也会逐渐增大，导致估计精度的减小，相应地 CRB 会增大，因此标签的识读性能也会下降。并且由于一些角度的干扰比较集中，导致估计的精度严重降低，因此 CRB 会在一定的角度出现峰值，且峰值数目随标签数目的增加也会相应增加。在标签数 M 为 8，标签与天线的位置分布如图 2.3 所示时，此时 CRB 最大，是 RFID-MIMO 系统读取性能最差的位置。

（4）标签数 M 的增加会使系统的整体 CRB 减小，提高了估计的精度，标签的识读性能也得到提高。

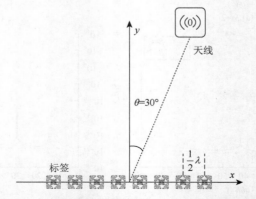

图 2.3　标签识读性能最差时标签与天线位置示意图

2.4　天线选择技术

在不提高额外发射功率和频谱资源的前提下，RFID-MIMO 系统可以得到更高的性能。然而，在处理多标签时也需要更多的读写器天线，这会增加高成本的射频（RF）模块。RF 模块包括低噪放大器（LNA）、模/数转换器（ADC）与下变频器。为减少多 RF 模块的成本，可以通过天线选择技术使用少于读写器天线数的 RF 模块。图 2.4 给出了天线选择的结构示意，只用 Q 个 RF 模块支持 M_R 根读写器天线（$Q < M_R$），需要将 Q 个 RF 模块选择性地映射到 M_R 根读写器天线中的 Q 根天线。

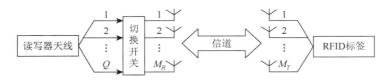

图 2.4　天线选择结构示意

从 M_R 根读写器天线中选择 Q 根，有效信道可以用矩阵 $H \in C^{M_R \times M}$ 中的 Q 列表示。p_i 代表选定的第 i 列的编号，$i = 1, 2, \cdots, Q$。可以用 $M_T \times Q$ 矩阵表示有效信道，表示为

$$H_{\{p_1, p_2, \cdots, p_Q\}} \in C^{M_T \times Q} \qquad (2.8)$$

其中，$x \in C^{Q \times 1}$ 代表被映射到 Q 根选定天线的空-时码或空间复用数据流。接收信道 y 可以写为

$$y = \sqrt{\frac{E_x}{Q}} H_{\{p_1, p_2, \cdots, p_Q\}} x + z \qquad (2.9)$$

其中，$z \in C^{M_T \times 1}$ 为加性噪声向量；E_x 为发射信号的能量。式（2.9）的系统容量由选择的读写器天线与天线数量决定。

2.4.1　最优天线选择技术

为了使信道容量最大，从 M_R 根读写器天线中选择 Q 根天线，并限定总发射功率为 P，可将 Q 根被选定读写器天线的信道容量表示为

$$C = \max_{R_{xx}, \{p_1, p_2, \cdots, p_Q\}} \log_2 \det\left(I_{M_T} + \frac{E_x}{QN_0} H_{\{p_1, p_2, \cdots, p_Q\}} R_{xx} H_{\{p_1, p_2, \cdots, p_Q\}}^{\mathrm{H}}\right) \qquad (2.10)$$

其中，N_0 为加性噪声的功率密度；R_{xx} 为 $Q \times Q$ 的协方差矩阵。对所有选定的读写器天线等分功率，$R_{xx} = I_Q$，对于给定的 $p_i(i = 1, \cdots, Q)$，信道容量可以表示为

$$C_{\{p_1, p_2, \cdots, p_Q\}} = \log_2 \det\left(I_{M_T} + \frac{E_x}{QN_0} H_{\{p_1, p_2, \cdots, p_Q\}} H_{\{p_1, p_2, \cdots, p_Q\}}^{\mathrm{H}} \right) \quad (2.11)$$

对所有可能的天线组合计算式（2.11），可以实现 Q 根天线的最优选择。为了最大化系统容量，也必须选择具有最大容量的天线，即

$$\{p_1^{\mathrm{opt}}, p_2^{\mathrm{opt}}, \cdots, p_Q^{\mathrm{opt}}\} = \underset{\{p_1, p_2, \cdots, p_Q\} \in A_Q}{\arg\ \max}\ C_{\{p_1, p_2, \cdots, p_Q\}} \quad (2.12)$$

其中，由 Q 根选定的读写器天线的所有可能组合形成的集合可以表示为

$$|A_Q| = \binom{M_R}{Q} \quad (2.13)$$

式（2.13）中的全部可能的天线组合会产生非常高的复杂度，尤其当 M_R 很大时。因此，有必要设计出一些将天线组合复杂度降低的方法，这些方法将在 2.4.2 节进行阐述。

2.4.2　次优天线选择技术

在式（2.13）中可以得到选定的读写器天线的所有可能组合形成的集合，然而当 M_R 特别大时，式（2.12）中的天线组合将具有极高的复杂度，这种复杂度取决于选择的读写器天线的数量，在实际应用中将极大地降低识读的效率与速度。因此，为了降低复杂度，需要借助次优的方案降低天线选择的复杂度。

可以按照信道容量增加的升序排列，选择额外的天线。首先选择一根具有最大信道容量的天线：

$$\begin{aligned} p_1^s &= \arg\max_{p_1} C_{\{p_1\}} \\ &= \arg\max_{p_1} \log_2 \det\left(I_{M_T} + \frac{E_x}{QN_0} H_{\{p_1\}} H_{\{p_1\}}^{\mathrm{H}} \right) \end{aligned} \quad (2.14)$$

然后选择第二根天线使得信道容量最大：

$$\begin{aligned} p_2^s &= \arg\max_{p_2 \neq p_1^s} C_{\{p_1^s, p_2\}} \\ &= \arg\max_{p_2 \neq p_1^s} \log_2 \det\left(I_{M_T} + \frac{E_x}{QN_0} H_{\{p_1^s, p_2\}} H_{\{p_1^s, p_2\}}^{\mathrm{H}} \right) \end{aligned} \quad (2.15)$$

n 次迭代后得到 $\{p_1^s, p_2^s, \cdots, p_n^s\}$，额外增加一根天线（如天线 v）的信道容量可表示为

$$C_v = \log_2 \det\left[I_{M_T} + \frac{E_x}{QN_0}\left(H_{\{p_1^s, p_2^s, \cdots, p_n^s\}} H_{\{p_1^s, p_2^s, \cdots, p_n^s\}}^{\mathrm{H}} + H_{\{v\}} H_{\{v\}}^{\mathrm{H}} \right) \right]$$

$$= \log_2 \det\left(I_{M_T} + \frac{E_x}{QN_0} H_{\{p_1^s, p_2^s, \cdots, p_n^s\}} H_{\{p_1^s, p_2^s, \cdots, p_n^s\}}^{\mathrm{H}} \right) \qquad (2.16)$$

$$+ \log_2\left[1 + \frac{E_x}{QN_0} H_{\{v\}}\left(I_{M_T} + \frac{E_x}{QN_0} H_{\{p_1^s, p_2^s, \cdots, p_n^s\}} H_{\{p_1^s, p_2^s, \cdots, p_n^s\}}^{\mathrm{H}} \right)^{-1} H_{\{v\}}^{\mathrm{H}} \right]$$

式（2.16）可由式（2.17）推导出来：

$$\det(A + uv^{\mathrm{H}}) = (1 + v^{\mathrm{H}} A^{-1} u)\det(A)$$

$$\log_2 \det(A + uv^{\mathrm{H}}) = \log_2(1 + v^{\mathrm{H}} A^{-1} u)\det(A) = \log_2 \det(A) + \log_2(1 + v^{\mathrm{H}} A^{-1} u) \qquad (2.17)$$

其中

$$A = I_{M_T} + \frac{E_x}{QN_0} H_{\{p_1^s, p_2^s, \cdots, p_n^s\}} H_{\{p_1^s, p_2^s, \cdots, p_n^s\}}^{\mathrm{H}}$$

$$u = v = \sqrt{\frac{E_x}{QN_0}} H_{\{v\}}$$

额外增加的第 $n+1$ 根天线应使式（2.16）中的信道容量最大，表示为

$$p_{n+1}^s = \arg\max_{v \notin \{p_1^s, p_2^s, \cdots, p_n^s\}} C_v = \arg\max_{v \notin \{p_1^s, p_2^s, \cdots, p_n^s\}} H_{\{v\}}\left(\frac{QN_0}{E_x} I_{M_R} + H_{\{p_1^s, \cdots, p_n^s\}} H_{\{p_1^s, \cdots, p_n^s\}}^{\mathrm{H}} \right)^{-1} H_{\{v\}}^{\mathrm{H}}$$

$$(2.18)$$

继续这个过程，持续到 Q 根天线都被选定，即反复迭代直到 $n+1=Q$。在循环过程中，对于所有的 $v \in \{1, 2, \cdots, M_R\} - \{p_1^s, p_2^s, \cdots, p_n^s\}$，矩阵求逆只需要进行一次即可。

另外，按照信道容量减小的降序排列，删除容量减小最多的天线，同样可实现上述过程。当 $Q = M_R - 1$ 时，降序方法可以得到与最优选择方法相同的天线集合；当 $Q = 1$ 时，升序方法可以得到与最优选择方法相同的天线集合。除了上述两种特殊情况，这些方法一般都是次优的。

2.4.3　仿真与分析

采用最优天线选择技术，对式（2.11）进行仿真，图 2.5 为 $M_R = 2, 6, 10, 20$ 以及 $M_T = 2, 6, 10, 20$ 时，选定的读写器天线数量 Q 不同时的信道容量曲线。

从图 2.5 中可以清楚看出，信道容量随选定的天线的数量成比例增加，以图 2.5（b）为例，当 SNR＜6dB 时，选择 5 根天线就能够保证与使用所有 6 根天线具有相同的信道容量。

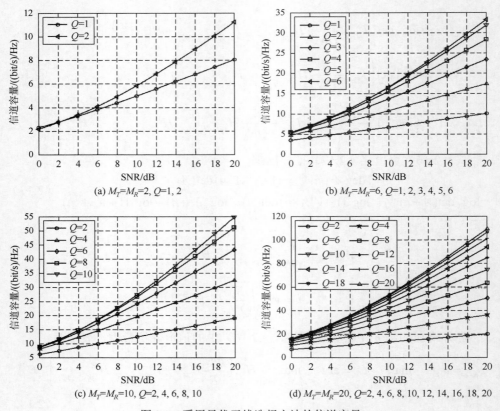

(a) $M_T=M_R=2$, $Q=1, 2$

(b) $M_T=M_R=6$, $Q=1, 2, 3, 4, 5, 6$

(c) $M_T=M_R=10$, $Q=2, 4, 6, 8, 10$

(d) $M_T=M_R=20$, $Q=2, 4, 6, 8, 10, 12, 14, 16, 18, 20$

图 2.5　采用最优天线选择方法的信道容量

图 2.6 给出了采用次优天线选择技术，$M_R = 2, 6, 10, 20$ 以及 $M_T = 2, 6, 10, 20$ 时选定的读写器天线数量 Q 不同时的信道容量曲线。

通过对比图 2.5 的最优天线选择技术，可以看到次优天线选择技术几乎获得了与最优天线选择技术相同的信道容量。而且由于降低了复杂度，计算时的速度

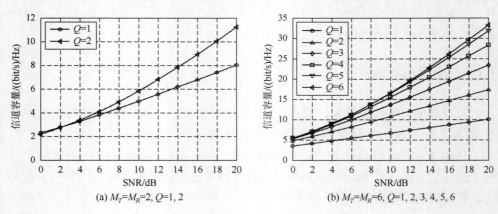

(a) $M_T=M_R=2$, $Q=1, 2$

(b) $M_T=M_R=6$, $Q=1, 2, 3, 4, 5, 6$

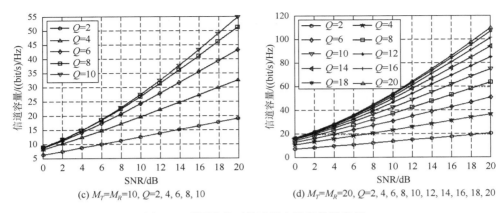

(c) $M_T=M_R=10$, $Q=2, 4, 6, 8, 10$　　　　(d) $M_T=M_R=20$, $Q=2, 4, 6, 8, 10, 12, 14, 16, 18, 20$

图 2.6　采用次优天线选择方法的信道容量

大大提高。然而当读写器天线与标签数目极大时，由于复杂度的降低，次优天线选择方法得到的信道容量相较于最优天线选择方法也会明显偏小。

为了更好地比较两种天线选择技术，对两种方法的运算时间与相对误差进行仿真，结果如表 2.1 所示。令 $M=M_R=M_T$，$Q=2$，从表中可以看出，随着天线数目 M 的增大，次优天线选择技术运算时间占最优选择技术运算时间的百分比也在逐步减小，而相对误差则随天线数目 M 的增大而增大。这说明次优天线选择技术相对最优天线选择技术具有更快的计算速度与更高的效率。不过次优天线选择技术也存在一定的缺点，如当天线数目极大时，次优天线选择技术的误差也会变大。

表 2.1　不同天线选择技术的运算时间与相对误差

M	最优选择/s	次优选择/s	次优占最优百分比/%	相对误差/%
6	3.778240	2.450044	64.85	0.012
10	9.633543	4.689665	45.68	0.024
20	77.049178	18.976021	24.63	0.065
50	1021.68677608	124.374018	12.17	0.214

2.5　基于光电传感的 RFID 识读距离测试半物理验证方法研究

本章根据 RFID 原理设计一种新型基于光电传感技术的动态 RFID 识读距离间接测距算法，并应用于包装级动态测试平台中，对单标签与多标签系统的识读距离与识读率进行动态测试。该平台符合 EPCglobal 标准[71]。识读距离定义为读写器能够有效识别 RFID 标签时 RFID 读写器天线几何中心与 RFID 标签几何中心的最大距离。

实验系统 RFID 天线选用 Larid A9028 远场天线，最大识读距离约为 15m。RFID

读写器选用美国 Impinj 公司的 Speedway Revolution R420 超高频读写器。激光测距传感器选用德国 Wenglor 公司的 X1TA101MHT88 型激光测距传感器，该传感器测量距离范围为 20m[72]。

该系统包括以下五个模块。

（1）环形传输带模块。环形传输带由聚氯乙烯（polyvinyl chloride，PVC）皮带、碳钢滚筒两段传输带组成，在环形传输带上放置货物，RFID 标签贴附货物上，设定环形传输带传输速度，货物以一定的速度在环形传输带上先后通过 PVC 皮带传输带、碳钢滚筒传输带。

（2）RFID 天线组和读写器组模块。在 PVC 皮带传输带和碳钢滚筒传输带上分别架设闸门，闸门上安装有 RFID 读写器和 RFID 读写器天线组，当货物通过传输带，闸门上的 RFID 读写器天线组检测到 RFID 标签时，RFID 读写器发送跳变信号给激光测距传感器。

（3）激光测距传感器模块。由电机带动光学升降平台，调整激光测距传感器高度，使激光测距传感器光束指向货物，测量标签与激光测距传感器之间的距离 S。

（4）数据采集模块。货物通过 PVC 皮带传输带时，当激光测距传感器接收到 RFID 读写器发送的跳变信号，启动激光测距传感器并获得距离 S，令 L 为激光测距传感器到参考点（RFID 读写器天线组的几何中心）之间的距离，根据 $R=|S-L|$ 计算标签到参考点的距离，并记录 RFID 读写器接收的信号强度指示（received signal strength indication，RSSI）。距离参数示意图如图 2.7（a）所示，参考点位置如图 2.7（b）所示，系统测试实物图如图 2.7（c）所示。以上数据采集与计算由控制电路实现。

（5）显示模块。显示当货物通过各段传输带时 RFID 读写器实时测量到的 RSSI 和货物到参考点的距离 R。

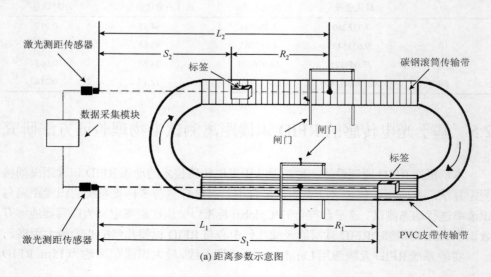

(a) 距离参数示意图

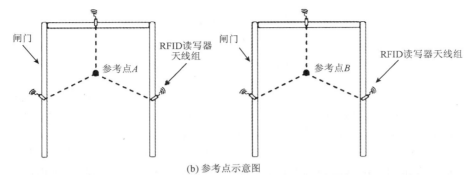

(b) 参考点示意图

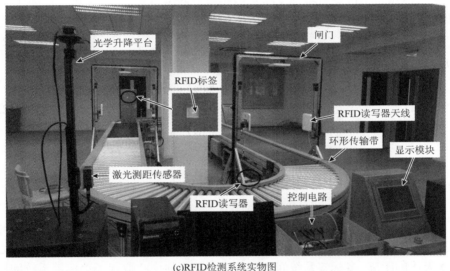

(c)RFID检测系统实物图

图 2.7　包装级 RFID 动态检测系统示意图

2.5.1　单标签系统间接测距算法

传输带按顺时针方向运转，单个包装箱从右边传输带开始沿传输带向龙门架移动，此时包装箱的运动方向与激光束方向相反，定义测距传感器光束与龙门架所在平面的交点为参考点 A。由于龙门架上的三个 RFID 天线和参考点的位置是相对固定的，因此两者之间的距离是一定值，设天线到参考点的距离依次为 H_{11}、H_{12} 和 H_{13}。设激光测距传感器到参考点 A 的距离为固定值 L_1，货物到激光测距传感器的距离为 S_1（测量得出），可以求得货物到参考点 A 的距离 R_1：

$$R_1 = S_1 - L_1 \tag{2.19}$$

由于激光束垂直于龙门架所在的平面，根据勾股定理，可以计算出 RFID 天线到 RFID 标签的距离值分别为

$$D_{11} = (H_{11}^2 + R_1^2)^{1/2}$$
$$D_{12} = (H_{12}^2 + R_1^2)^{1/2} \qquad （2.20）$$
$$D_{13} = (H_{13}^2 + R_1^2)^{1/2}$$

经过弯道后，包装箱继续沿着传输带向另一个龙门架移动，此时包装箱的运动方向与激光束方向相同，调整激光测距传感器，使激光光束瞄准货物上的标签，两者处于同一水平线上，定义激光测距传感器光束与龙门架所在平面的交点为参考点 B。设天线到参考点的距离依次为 H_{21}、H_{22} 和 H_{23}，设标签到参考点 B 的距离为 R_2，激光测距传感器到参考点 B 的距离为固定值 L_2，标签到激光测距传感器的距离为 S_2（测量得出），则

$$R_2 = L_2 - S_2 \qquad （2.21）$$

可以计算出 RFID 天线到 RFID 标签的距离值分别为

$$D_{21} = (H_{21}^2 + R_2)^{1/2}$$
$$D_{22} = (H_{22}^2 + R_2)^{1/2} \qquad （2.22）$$
$$D_{23} = (H_{23}^2 + R_2)^{1/2}$$

2.5.2　多标签系统间接测距算法

当多个贴有电子标签的包装箱堆叠在一起通过装有 RFID 天线的龙门架时，采用间接测距法测量这些电子标签的平均识读距离，即多标签系统几何中心到 RFID 天线的距离。多标签系统间接测距法中的几何中心取代了单标签系统间接测距法中电子标签的地位，因此，使激光光束通过多标签系统的几何中心 M，多标签系统从左边传输带开始沿传输带向龙门架移动，其运动方向与激光束方向相反，如图 2.8（a）所示。定义激光测距传感器光束与龙门架所在平面的交点为参考点 A。设天线到参考点的距离依次为 H_1、H_2 和 H_3，几何中心到参考点 A 的距离为 R，激光测距传感器与参考点 A 之间的距离为 L，标签几何中心与激光测距传感器之间的距离为 S（测量得出），则

$$R = |S - L| \qquad （2.23）$$

可以计算出 RFID 天线到几何中心的距离值分别为

$$D_1 = (H_1^2 + R^2)^{1/2}$$
$$D_2 = (H_2^2 + R^2)^{1/2} \qquad （2.24）$$
$$D_3 = (H_3^2 + R^2)^{1/2}$$

当多标签系统经过弯道进入另一侧传输带时，继续沿着传输带向另一个龙门

架移动，此多标签系统的运动方向与激光束方向相同，如图 2.8（b）所示。定义激光测距传感器光束与龙门架所在平面的交点为参考点 B。与图 2.8（a）的情况类似，可以计算出几何中心 B 到参考点的距离 R 以及 RFID 天线到几何中心的距离值 D。

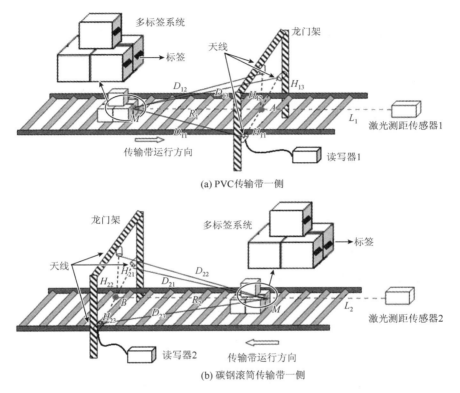

(a) PVC传输带一侧

(b) 碳钢滚筒传输带一侧

图 2.8　多标签系统间接测距示意图

采取多次测量取平均值的方式，来确保识读距离测量的可靠性与稳定性。对同一个标签重复进行多次识读距离的测量，取平均即为该 RFID 标签的识读距离。在 RFID 动态检测系统中，动态测试系统工作流程图如图 2.9 所示。

2.5.3　单标签性能测试

实验采用两种不同类型的电子标签作为样本标签来开展单标签性能测试实验，两种标签实物图如图 2.10 所示，图（a）是粘贴型超高频标签，图（b）是卡型超高频标签。实验中，在 PVC 皮带传输带上架设闸门，闸门上安装读写器 1 和 RFID 读写器天线组；在碳钢滚筒传输带上架设另一闸门，并在闸门上安装读写器 2 和 RFID 读写器天线组。

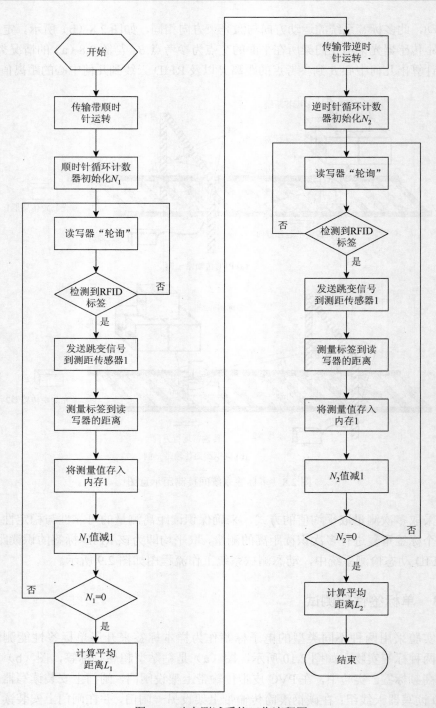

图 2.9　动态测试系统工作流程图

(a) 粘贴型标签　　　　　　　　　　　　(b) 卡型标签

图 2.10　单标签性能测试实物图

　　粘贴型和卡型超高频标签的动态性能测试结果如表 2.2 所示。用 I 表示 RSSI，以两种单标签性能测试得到的 RSSI 和识读距离这两项参数为判定依据，对比测试结果可以发现，读写器 1 与读写器 2 测试同一 RFID 标签得到的识读距离存在差异，其原因是传输带材质不同导致识读距离有所不同，导致天线的识读性能明显受到了影响。PVC 有着优良的电绝缘性，对超高频段的射频信号影响相对较小；而碳钢滚筒具有较高的磁化率，工作时易受到磁化，并且会对读写器天线的磁场产生干扰，导致最终识读距离大小受到影响，因此读写器 1 与读写器 2 测试同一 RFID 标签得到的识读距离存在差异。

表 2.2　不同类型超高频标签测试结果

标签类型	读写器	圈数	I/dBm	识读距离/m
粘贴型	读写器 1	1	−59	2.28
		2	−58	1.64
		3	−60.5	2.53
		4	−60	2.49
		5	−63	2.58
	读写器 2	1	−59.5	1.88
		2	−64	2.62
		3	−59.5	2.72
		4	−60.5	1.93
		5	−59.5	2.72

续表

标签类型	读写器	圈数	I/dBm	识读距离/m
卡型	读写器 1	1	−64.5	1.77
		2	−66.5	2.28
		3	−66.5	2.23
		4	−66.5	2.29
		5	−66.5	2.32
	读写器 2	1	−60	0.97
		2	−56.5	1.06
		3	−65.5	1.09
		4	−59	0.89
		5	−65	1.33

2.5.4 多标签性能测试

本次验证测试中的多标签性能测试分为两种情形，分别是双标签性能测试和五标签性能测试。实验数据均采集自读写器 1，标签样本均采用粘贴型标签。多标签识读距离定义为全部标签被识别时的读取距离，当一个或多个标签无法被读取时，读取距离被定义为无效识读距离（N/A）。不同数量的标签组合的性能测试的结果如表 2.3 和表 2.4 所示。

双标签性能测试的测试结果如表 2.3 所示。与单标签性能测试相比，双标签性能测试结果存在以下不同：一是测试参数增加了一项"识读率"，用来描述多标签系统防碰撞性能的测试结果，本次实验中的识读率为 100%，表示两个标签都被检测系统成功识别，未发生标签碰撞；二是参数"距离"的测试结果明显变小，标签系统的识读距离随标签数量的增加而减小；三是由于参数"距离"会随着标签数量的增大明显减小，在相同的发射功率下，测试得到的 RSSI 会随之增大。

表 2.3　双标签性能测试结果

圈数	标签编号	I/dBm	距离/m	识读率/%
1	1	−55.5	0.94	100
	2	−55.5	0.94	
2	1	−43.5	0.74	100
	2	−43.5	0.74	
3	1	−45.5	0.71	100
	2	−45.5	0.71	

五标签性能测试的测试结果如表 2.4 所示。对于五标签性能测试，本次实验中的识读率为 100%，表示五个标签都被检测系统成功识别，未发生标签碰撞。参数"距离"的测试结果与前述单标签与双标签性能测试的测试结果相比，都明显变小，再次验证了标签系统的识读距离随标签数量的增加而减小。

表 2.4　五标签性能测试结果

圈数	标签编号	I/dBm	距离/m	识读率/%
	1	−58.5	0.98	
	2	−58.5	0.98	
1	3	−58.5	0.98	100
	4	−58.5	0.98	
	5	−58.5	0.98	
	1	−47.5	0.5	
	2	−47.5	0.5	
2	3	−47.5	0.5	100
	4	−47.5	0.5	
	5	−47.5	0.5	

2.5.5　多标签防碰撞性能测试实验

在实际应用环境下，即使使用相同的空中接口通信协议，不同厂家生产的标签与读写器之间的互联互通也是一个值得关注的问题，有必要对多标签与多读写器的互操作性以及防碰撞性能进行测试。在本次多标签防碰撞性能测试实验中，采用的标签样本仍为 5 个实体标签，另 1 个为虚拟标签，这样的标签样本组合可以模拟发生标签碰撞的情景。测试结果如表 2.5 所示，本次实验中的识读率为 83%，表明虚拟标签未被成功识别，即发生标签碰撞。该实验同时验证了本实验系统可对 RFID 系统的多标签防碰撞性能进行评估。

表 2.5　多标签防碰撞性能测试结果

圈数	标签编号	I/dBm	距离/m	识读率/%
	1	−60.5	N/A	
	2	−60.5	N/A	
	3	−60.5	N/A	
1	4	−60.5	N/A	83
	5	−60.5	N/A	
	无 RFID 信号	N/R	N/D	

续表

圈数	标签编号	I/dBm	距离/m	识读率/%
2	1	−49	N/A	83
	2	−49	N/A	
	3	−49	N/A	
	4	−49	N/A	
	5	−49	N/A	
	无 RFID 信号	N/R	N/D	

以上实验进行了不同数量的标签组合的性能测试，模拟标签碰撞情景，验证了"识读率"的测试功能，并且分析得出"标签系统的识读范围随标签数量的增加而减小"的结论，同时能够对 RFID 系统的多标签防碰撞性能进行评估。

2.6 本 章 小 结

本章首先提出了 RFID-MIMO 系统的信道模型，研究了 RFID-MIMO 系统中对多标签方位角的估计 CRB，结果表明，CRB 与发射信号的相关矩阵以及收发阵列的导向矢量有关。比较了发射相干信号和正交信号对应的 CRB，结果表明，当发射正交信号时，天线估计的 CRB 在大部分角度范围明显小于相干信号对应 CRB；当发射相干信号时，可以通过增加标签数来获得更优的估计性能。随后，研究了 RFID-MIMO 系统的天线选择技术，并对最优与次优天线选择进行了仿真，可以看出，信道容量随选定的天线数量成比例增加，在标签数与天线数较低时，次优选择几乎能够获得与最优选择相同的信道容量，但次优选择速度更快、效率更高。最后，针对实际应用环境中的 RFID-MIMO 系统，以光电传感技术为基础，设计搭建了 RFID 识读性能半物理验证平台，检测实际应用中的 RFID 多标签-多读写器系统的防碰撞性能。本章为 RFID 多标签-多读写器系统信道建模以及 RFID-MIMO 系统的评估与优化提供了重要的参考，同时为 RFID 多标签-多读写器系统的防碰撞提供了物理的解决方法。后面章节将针对影响 RFID 多标签-多读写器系统的信道干扰源进行分析，并在此基础上采用物理防碰撞的方式进行抗干扰研究和半物理验证。

第3章 温度对 RFID 动态性能影响的热力学分析及半物理验证

第 2 章针对 RFID 多标签-多读写器系统进行了信道建模，而物联网系统性能检测半物理验证平台的建立除了需依据信道模型外，干扰模型也是进行数值分析的关键。影响信道的主要干扰因素有电磁波、金属、液体、温度等[73-75]。本章以温度对信道的影响为例，对温度的影响进行理论分析及半物理验证。本章着重研究温度对 RFID 标签动态识读性能影响的热力学模型，设计了用于温度控制的半物理验证系统，并进行了相关半物理验证实验，建立温度与 RFID 标签识读距离的拟合模型，得到了超高频 RFID 标签工作的阈值温度，并提出相应的温度补偿机制。

Voytovich 等利用有限元和有限积分法研究了温度对于谐振腔天线的影响，对比 25℃和 100℃的 E 平面发现，第一旁瓣从-19.5dB 增加到-16.7dB[76]。Yadav 等利用高频结构仿真器（high frequency structure simulator，HFSS）研究了温度对于微带天线的影响，结果表明，随着温度的升高，天线的带宽几乎不变而阻抗增大[77]。Cheng 等利用天线对温度的敏感设计了测温传感器，随着温度的增加，天线的谐振频率随之降低[78]。Li 等研究了环境温度对 RSSI 的影响，发现 RSSI 与温度的相关系数为 0.1[79]。

以上研究均是在假设其他条件为理想条件时单独研究温度对于天线的影响，并且多为仿真研究。Merilampi 等和 Goodrum 等分析了温度对 RFID 标签谐振频率的影响，实验结果表明，RFID 标签的谐振频率随着温度的变化逐渐减低，并与温度呈线性关系，但实验是在密闭空间中对天线进行静态测试[80, 81]。本章首先研究了温度对 RFID 动态性能影响的热力学分析，随后在动态环境下进行了相关的半物理验证。

3.1 传热学与天线

环境温度通过导热、对流换热和热辐射对标签影响。

（1）导热：导热基本定律（傅里叶定律）的表达式为[82]

$$\phi = -kA\frac{\partial t}{\partial n} \tag{3.1}$$

其中，ϕ 为热流量，表示通过面积 A 上总的热量；k 为导热系数；$\dfrac{\partial t}{\partial n}$ 为等温面法向温度梯度。可以看出温度梯度方向与热流方向相反。导热系数是表示物质导热能力的物理量，影响导热系数的主要因素是物质的种类和温度等。

（2）对流换热的换热量，通常按牛顿冷却方程来定义[83]：

$$\phi = h_c A(t_w - t_f) \tag{3.2}$$

其中，h_c 为对流换热系数，表示单位面积温差为 1℃时所传递的热量；A 为固体壁面换热面积；t_w 为流体温度；t_f 为固体壁面温度。

（3）热辐射：如果落在标签上的辐射能量 Φ_0，有 Φ_A 被吸收，Φ_R 被反射，Φ_D 穿透该物体，则[84]

$$\frac{\Phi_A}{\Phi_0} + \frac{\Phi_R}{\Phi_0} + \frac{\Phi_D}{\Phi_0} = \alpha + \beta + \gamma = 1 \tag{3.3}$$

其中，α 为吸收率，被标签吸收的百分比；β 为反射率，被物体反射的百分比；γ 为穿透率。

吸收率、反射率和穿透率的取值与标签的本质有关，而且随标签的温度和辐射的波长而变。对多数材料，热辐射不易穿透，因此有

$$\alpha + \beta = 1 \tag{3.4}$$

3.2　温度对 RFID 系统识读距离的影响

3.2.1　RFID 系统识读距离

识读范围是无源 RFID 标签最重要的特征参数之一。在自由空间环境传播中，用 Friis 自由空间方程计算距离读写器 R 处的电子标签的功率密度[85]：

$$S = \frac{P_{tx} G_{tx}}{4\pi R^2} = \frac{P_{EIR}}{4\pi R^2} \tag{3.5}$$

其中，P_{tx} 为读写器的发射功率；G_{tx} 为发射天线的增益；R 为读写器和电子标签之间的距离；P_{EIR} 为天线的有效辐射功率，即读写器发射功率和天线增益的乘积。

在电子标签和发射天线最佳对准和正确极化时，电子标签可吸收的最大功率与入射波的功率密度 S 成正比：

$$P_{tag} = A_e S = \frac{\lambda^2}{4\pi} G_{tag} S = P_{tx} G_{tx} G_{tag} \left(\frac{\lambda}{4\pi R}\right)^2 \tag{3.6}$$

其中，G_{tag} 为电子标签的天线增益；A_e 为天线有效面积：

$$A_e = \frac{\lambda^2}{4\pi} G_{tag} \tag{3.7}$$

　　无源射频识别系统的电子标签通过电磁场供电，电子标签的功耗越大，读写距离越近，性能越差。射频电子标签是否能够工作也主要由电子标签的工作电压来决定，这也决定了无源射频识别系统的识别距离。

　　电子标签返回的能量为[86]

$$P_{\text{back}} = S\sigma = \frac{P_{tx}G_{tx}}{4\pi R^2}\sigma = \frac{P_{\text{EIR}}}{4\pi R^2}\sigma \qquad (3.8)$$

　　电子标签返回读写器的功率密度为

$$S_{\text{back}} = \frac{P_{tx}G_{tx}}{(4\pi)^2 R^4}\sigma \qquad (3.9)$$

　　接收功率为

$$P_{rx} = A_W S_{\text{back}} = \frac{P_{tx}G_{tx}G_{rx}\lambda^2}{(4\pi)^3 R^4}\sigma \qquad (3.10)$$

其中，σ 为标签的雷达散射截面；G_{rx} 为接收天线增益；A_W 为接收天线的有效面积：

$$A_W = \frac{\lambda^2}{4\pi}G_{rx} \qquad (3.11)$$

　　无源反向散射 RFID 系统的识读距离可以表示为[87]

$$R = \left[\frac{P_{tx}G_{tx}G_{rx}\lambda^2\sigma}{(4\pi)^3 P_{rx}}\right]^{1/4} \qquad (3.12)$$

3.2.2　温度对标签识读距离的影响

　　实验结果表明 RFID 标签的谐振频率随着温度的升高逐渐降低，并与温度呈线性关系。因此式（3.12）可写为

$$R = \left[\frac{P_{tx}G_{tx}G_{rx}c^2\sigma}{(4\pi)^3 P_{rx}f^2}\right]^{1/4} = \left[\frac{P_{tx}G_{tx}G_{rx}c^2\sigma}{(4\pi)^3 P_{rx}(aT+b)^2}\right]^{1/4} \qquad (3.13)$$

其中，c 为光速；f 为标签谐振频率；T 为环境温度；a、b 为待求系数。当标签参数固定并且标签信号强度达到激活阈值时，即被读取时，式（3.13）可改写为

$$R = \eta\left[\frac{1}{(aT+b)^2}\right]^{1/4} = \eta(aT+b)^{-1/2} \qquad (3.14)$$

其中，$\eta = \left[\dfrac{P_{tx}G_{tx}G_{rx}c^2\sigma}{(4\pi)^3 P_{rx}}\right]^{1/4}$ 为常数。在获得 a、b 时，即可得到识读距离与温度之间的关系图。

　　因为 a、b、η 都为常数，因此式（3.14）可改写为

$$R = (cT+d)^{-1/2} \text{ 或 } M = cT + d \qquad (3.15)$$

其中，$c=a/\eta^2,d=b/\eta^2$，相关距离 $M=1/R^2$。

取 P_{tx}=30dBm，$G_{tx}=G_{rx}$=8dBi，σ=0.036m^2，P_{rx}=−70dBm，a=914.87，b=−0.088，则由式（3.15）可得到标签的理论识读距离与温度的关系如图 3.1 所示，在 20～70℃范围内，标签的识读距离随着温度的升高逐渐降低。

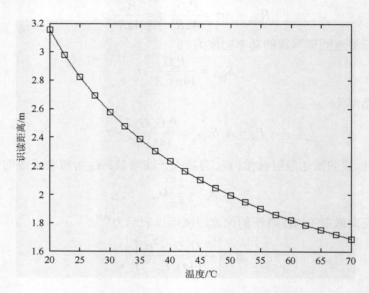

图 3.1　标签理论的识读距离与温度的关系

实际的测试是在不同的温度条件下进行的，因此可以通过实验的方式获得相关系数，并作出相应的温度补偿机制，得到准确的识读范围。当求得 c、d 时，可以得到

$$\frac{R_1}{R_2}=\left(\frac{cT_2+d}{cT_1+d}\right)^{1/2} \tag{3.16}$$

3.3　测量系统和测量方法

3.3.1　温度控制系统设计

为实现环境温度控制，设计了图 3.2 所示的温控系统，该系统采用温度控制器对温度进行监测和控制，用来模拟环境温度对标签识读性能的影响[88, 89]。

将标签贴附于塑料箱内壁，塑料箱的介电常数比较小，因此对读写器天线读取标签的影响可以忽略。将温度探头悬空置于塑料箱内侧，半导体加热片位于塑

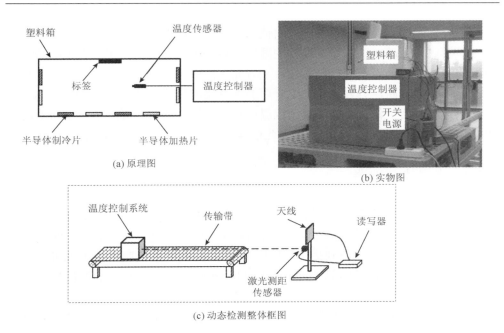

(a) 原理图

(b) 实物图

(c) 动态检测整体框图

图 3.2　温控系统

料箱底部，并且连接塑料箱外侧的温度控制器，以实现对内部空间的温度控制。

　　设定温度控制器的温度对塑料箱内部进行加热，当内部温度达到设定的温度时，温度控制器停止对半导体加热片的供电。温度控制系统的总体设计如图 3.3 所示。系统的硬件包括温度传感器、半导体制冷器（thermo electric cooler，TEC）、TEC 驱动器、微控制器（microcontroller unit，MCU）、输入模块和温度实时显示模块。

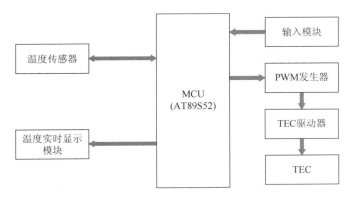

图 3.3　温度控制系统结构

　　系统首先读取温度传感器的输出值，并将实时温度显示在数码管中；然后通过键盘模块向处理器输入需要设置的温度；接着由处理器根据实时采集的温度和设置的温度值，调用模糊控制算法，一方面判断应该采取加热还是制冷决定热电制冷器工作的方向，另一方面产生合适的占空比的脉冲宽度调制（PWM）波形，驱动热电制冷器工作。系统反复读取温度传感器测量的实时温度值，不断地调整PWM波形的占空比，通过不断重复此过程，保证样品处于恒温状态。

3.3.2　半导体制冷器

　　热电制冷器，也称为半导体制冷器，是一种以半导体材料为基础，可以用做小型热泵的电子元件。通过在热电制冷器的两端加载一个较低的直流电压，热量就会从元件的一端流到另一端[90]。因此，在一个热电制冷器上就可以同时实现制冷和加热两种功能。因此，热电制冷器还可以用于精确的温度控制，如图 3.4 所示。

　　实际应用中的热电制冷器一般包括两个或多个半导体电偶臂。使用导电和导热性都比较好的导流片串联成一个单体。而一个热电制冷器一般是由一对或者多对这样的单体重复排列而成，从电流通路上看，呈串联方式；从热流通路上看，呈并联方式。这些单体和导流片通常都被安装在两片陶瓷基板之间。这些基板的作用是将所有的结构机械性地连接在一起，并且保持每个单体与其他结构和外界焊接面之间相互绝缘。当安装好所有的部件之后，这些热电制冷器一般是 2.5～50mm 的正方形表面，高度为 2.5～5mm 的块体。

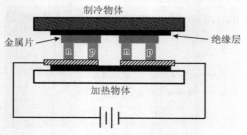

图 3.4　典型热电制冷器的结构示意图

　　热电制冷器中需要同时使用p型和n 型碲化铋材料。使用这种排布方法可以保证在电流沿着 p 型和 n 型电偶臂在基片之间来回流动时，热流只沿着一个方向运动。通过掺杂使 n 型材料中产生过量的电子（多于组成完整晶格结构需要的电子数）而在 p 型材料中产生空穴（少于组成完整晶格结构需要的电子数）。这些 n 型材料中的多余电子和 p 型材料的空穴就是热电材料中负责输运电能和热能的载流子。图 3.4 描述的是一个典型的热电制冷器在加载电流之后，热量输送的过程。大多数热电制冷器是由相同数量的 n 型和 p 型电偶臂所组成的，这里一个 p 型和一个 n 型电偶臂组成了一对温差电偶对。例如，图 3.4 所示的模型里面有两对 p 型和 n 型电偶臂，也就是说有两对温差电偶对。

　　在热电制冷的过程中，热流（被实际吸收在热电制冷器里面的热量）正比于制冷器上加载的直流电流的大小。通过在 0 到最大值之间调整加载电流的大小，可以调整和控制热流和温度。

3.3.3　半物理验证系统平台

基于 RFID 原理设计了 RFID 标签识读性能检测系统，原理图如图 3.5 所示，实物图如图 3.6 所示，主要由传输带、托盘、读写器、天线支架、激光测距传感器、天线、光学升降平台和控制计算机组成。

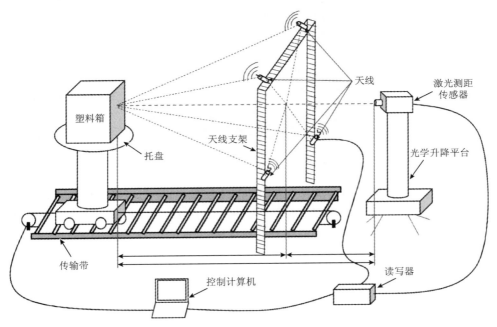

图 3.5　RFID 标签进出闸门应用检测半物理验证系统原理图

RFID 天线选用 Larid A9028 远场天线，最大识读距离约为 15m。RFID 读写器选用美国 Impinj 公司的 Speedway Revolution R420 超高频读写器。激光测距传感器选用德国 Wenglor 公司的 X1TA101MHT88 型激光测距传感器，该传感器测量距离范围为 50m。

整个检测系统模拟货物进出库步骤，在货物传输带上架设托盘，托盘上放置货物，货物上安装反射板，设定托盘托举高度和货物传输带传输速度，托盘在货物传输带上匀速传动以模拟叉车进出闸门的动作。在货物表面贴上 RFID 标签，在闸门上安装一个 RFID 读写器和多个 RFID 天线，在正对货物传输带的一侧安装一个激光测距传感器，激光测距传感器光束指向货物进入闸门的方向。货物传输

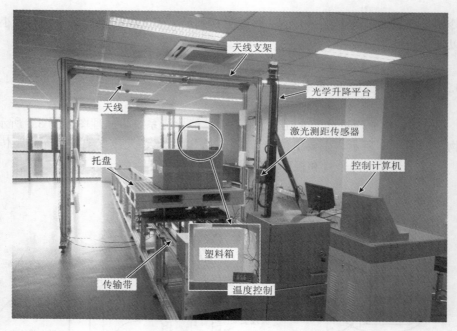

图 3.6　RFID 标签进出闸门应用检测半物理验证系统实物图

带连同架设托盘向闸门方向运动，贴有 RFID 标签的货物进入 RFID 天线辐射场，某一个 RFID 天线感应到 RFID 标签反射的射频信号，与 RFID 天线连接的 RFID 读写器串口发出跳变信号。RFID 读写器通过串口通信的方式将产生的跳变信号发送给激光测距传感器，同时将 RFID 天线的标号发送给测距传感器，启动测距程序，测量激光测距传感器到反射板的距离值。最后计算出 RFID 天线到 RFID 标签的距离值，作为闸门入口环境下 RFID 识读范围。

本节采用间接测量的方式测量识读范围。调整光学升降平台，使激光测距传感器光束瞄准货物上安装的反射板，定义激光测距传感器光束与闸门所在平面的交点为参考点。然后设反射板到参考点的距离为 R，激光测距传感器到参考点的距离为固定值 L，激光测距传感器到反射板的距离为 S，第 i 个 RFID 天线到参考点的距离为固定值 H_i，则 $R=S-L$，第 i 个 RFID 天线到 RFID 标签的距离值为 $T_i = (R^2 + H_i^2)^{1/2}$，即为闸门入口环境下 RFID 识读范围。

3.4　实验结果与分析

3.4.1　塑料箱厚度影响分析

电磁波在某种材料的透射系数是与材料的介电常数是有很大关系的，介电常数越大，透射系数越低。并且，在导电介质中，电磁波衰减的快慢取决于衰减常数 α 的大小。

$$\alpha = \omega \sqrt{\frac{\mu\varepsilon}{2}\left[\sqrt{1+\left(\frac{\sigma}{\omega\varepsilon}\right)^2}-1\right]}$$　　　　（3.17）

其中，ω 为电磁波的角频率；μ 为介质的磁导率；ε 为介质的介电常数。当 $\sigma/(\omega\varepsilon)\ll 1$ 时：

$$\sqrt{1+\left(\frac{\sigma}{\omega\varepsilon}\right)^2}\approx 1+\frac{1}{2}\left(\frac{\sigma}{\omega\varepsilon}\right)^2$$　　　　（3.18）

那么，式（3.17）可转化为

$$\alpha \approx \frac{\sigma}{2}\sqrt{\frac{\mu}{\varepsilon}}$$　　　　（3.19）

因此，实验用介电常数较小的聚四氟乙烯板来制作塑料箱。取相对介电常数 ε_r=2.1，相对磁导率 μ_r=1，体电导率 $\sigma_V = 2.5\times10^{-17}\,\text{S}/\text{cm}$，电导率 $\sigma = d\sigma_V$，可得到图 3.7。

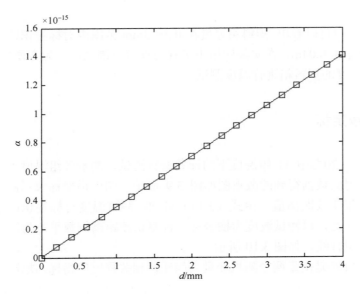

图 3.7　介质厚度对衰减常数的影响

从图 3.7 中可以看出，随着介质厚度的增大，衰减常数逐渐增大，但指数为 10^{-15}，因此介质对电磁波的衰减可忽略不计。

为了验证塑料箱厚度对标签读取性能的影响，分别选择 0.3mm、0.5mm、1mm、2mm、3mm 的塑料箱在室温下进行测试，测试结果如图 3.8 所示。

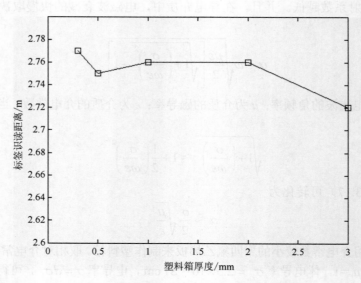

图 3.8　塑料箱厚度对标签识读距离的影响

从图 3.8 中可以看出,塑料箱厚度在 0.2～3mm 范围内对标签识读距离影响不大,最大极差为 0.04m,在实际应用中可视为误差范围之内。为方便搭建塑料箱,选择 3mm 厚度的塑料箱进行温度测试。

3.4.2　系统定标

选取 20～70℃中 11 组温度下的标签进行测试,测量各组温度下的标签识读距离,由测得的数据得到的散点图如图 3.9 所示。图中横坐标表示测试温度,纵坐标表示标签识读距离值。由式(3.15)可知,测试温度与标签识读距离倒数平方成正比,因此,以测试温度为横坐标,标签识读距离倒数平方为纵坐标,做出散点图及其拟合线,如图 3.10 所示。

相关系数 R 是衡量两个随机变量之间线性相关程度的指标,决定系数 R^2 的大小决定了相关的密切程度。这两个系数越大则表示两个变量的相关性越好。从图 3.10 中可以看出,R 和 R^2 都超过了 0.95,说明测试温度和相关识读距离的线性相关性好。定标标准误差 SEC 是评价方程质量好坏的关键,SEC 越小表示方程的定标误差越小,从图 3.10 可以看出,SEC 很小,因而方程的定标误差也比较小。综上所述,由式(3.15)所得的拟合曲线相关性好,线性关系显著。

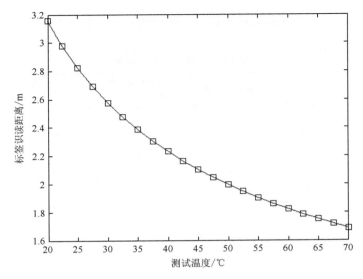

图 3.9　定标温度的标签识读距离散点图及其拟合

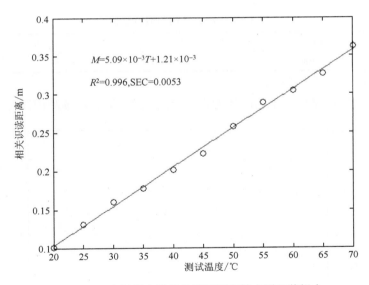

图 3.10　定标温度的相关识读距离散点图及其拟合

3.4.3　预测标签的识读距离

为了验证测量方法的正确性，取 10 组不同温度分别对标签进行测试，得到标签的识读距离值，依次用对应的模型方程对标签的相关距离进行预测，同时通过式（3.14）获得标签的预测识读距离值。数据及误差如表 3.1 所示，模型的预测检验参数如表 3.2 所示，预测的标签识读距离预测散点图如图 3.11 所示。

表 3.1　预测样品实验数据

预测样品	温度/℃	识读距离 R/m	预测相关识读距离 M/(1/m²)	预测识读距离 R/m	误差 η/%
1	22	2.95	0.175	2.97	0.68
2	26	2.75	0.196	2.74	0.36
3	32	2.43	0.226	2.47	0.82
4	37	2.32	0.251	2.30	0.86
5	43	2.11	0.281	2.13	0.95
6	47	2.00	0.302	2.04	1.00
7	52	1.93	0.327	1.94	0.52
8	59	1.83	0.362	1.82	0.55
9	63	1.74	0.382	1.76	1.15
10	67	1.70	0.403	1.71	0.59

表 3.2　标准方程预测检验参数

r_p	0.9953
SEP	0.0176

图 3.11 中，横坐标表示标准参考识读距离，纵坐标表示预测识读距离。表 3.2

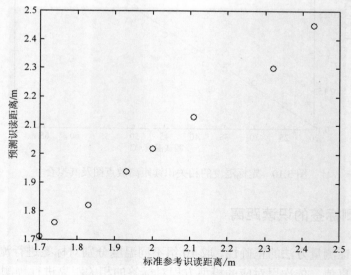

图 3.11　标签识读距离预测散点图

中显示了方程的预测相关系数接近 1，即预测标准误差 SEP 很小。从表 3.1 中可以看出，测量的误差波动范围在 ±3% 以内，分析造成误差的主要原因是：在不同的温度下，塑料箱对电磁波的反射和吸收程度稍有区别，从而对测量带来影响。

3.5　本　章　小　结

本章研究了温度影响 RFID 系统动态识读性能的热力学理论以及半物理实验验证系统设计。半物理验证系统的硬件包括温度传感器、TEC、TEC 驱动器、PWM 发生器、MCU、输入模块和温度实时显示模块。本章开展的半物理实验针对 20～70℃ 中 11 组温度下的 RFID 标签进行半物理验证测试，得到各组温度下的标签识读距离，并建立温度与标签识读距离的拟合模型。实验表明，测试温度和相关识读距离的线性相关性较好，得到超高频标签在特定识读距离工作时的阈值温度，并作出相应的温度补偿机制，以得到在相同参考温度下的识读距离。最后，为了验证测量方法的准确性，取 10 组不同温度分别对标签进行测试，得到标签的识读距离值，并与模型方程预测的标签的识读距离进行对比，结果显示方程的预测相关系数接近 1，即预测标准误差 SEP 很小，符合实验设计要求。

本章以温度对信道的影响为例，为 RFID 多标签-多读写器系统的信道干扰模型建立提供了方法参考。为了从系统设计中解决信道干扰造成的多标签碰撞问题，后面章节将围绕多标签几何分布等手段进行 RFID 物理防碰撞理论方法和实验验证研究。

第 4 章 基于 Fisher 矩阵的 RFID 多标签几何分布最优化分析及半物理验证

通过第 3 章的研究，以 RFID 为核心传感器的物联网系统的动态性能受到多标签分布的影响，目前国内外研究多采用软件防碰撞的方式解决。多标签物联网系统动态性能的读取效率、识读距离、读取速度不仅取决于测量精度与定位算法，也与多标签相对待定位目标的几何分布有密切联系。本章从 Fisher 矩阵理论出发，获得了多标签识读距离最优时的最优几何分布，对多标签分布进行理论建模，并基于光电传感技术设计了半物理验证平台，进行了相关的半物理验证，为物理防碰撞技术的突破开辟了一条新路。

4.1 标签几何分布模型

本章通过引入 Fisher 矩阵研究了多标签系统中标签几何分布对动态性能的影响的可能性，通过距离定位对目标空间的位置参数进行估计。Fisher 矩阵中包含了每个标签的位置、检测值等信息，因此，通过分析计算 Fisher 矩阵，可以得出标签几何分布与目标定位的关系，获取多标签系统的最优几何分布。基于多标签系统的定位原理如图 4.1 所示。

讨论多标签与一个待定位目标的情况（标签数目 $N \geqslant 2$）。直角坐标系中，目标坐标 $P = [x_p, y_p]^{\mathrm{T}}$，第 i 个标签坐标 $T_i = [x_i, y_i]^{\mathrm{T}}$。第 i 个标签到目标的距离可以用 $r_i = \| P - T_i \|$ 表示，如图 4.2 所示，第 i 个标签与目标的方位角 $\phi_i(P)$ 可以表示为[91]

$$\phi_i(P) = \arctan\left(\frac{x_p - x_i}{y_p - y_i}\right) \tag{4.1}$$

图 4.1 标签定位原理图

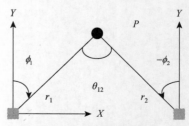

图 4.2 几何参数的定义

4.2　最优多标签几何拓扑的数学基础

引入一个总的测量变量 $\bar{Z} = Z(W) + n$ 和一个总的参数变量 $W \in \mathbf{R}^M$，参数变量 W 可以从测量变量 $\bar{Z} \in \mathbf{R}^N (N \geqslant M)$ 中估计出来。这里，$n \in \mathbf{R}^N$ 是一个零均值、恒定协方差矩阵为 Σ 的高斯随机变量，即 $\bar{Z} \sim N(Z(W), \Sigma)$。

在高斯测量误差的假设下，给定观测量 $\bar{Z} \sim N(Z(W), \Sigma)$ 下 W 的相关函数为

$$f_{\bar{Z}}(\bar{Z}; W) = \frac{1}{(2\pi)^{N/2} |\Sigma|^{1/2}} \exp\left[-\frac{1}{2} (\bar{Z} - Z(W))^{\mathrm{T}} \Sigma^{-1} (\bar{Z} - Z(W)) \right] \quad (4.2)$$

其中，$Z(W)$ 是 $\bar{Z}$ 的均值。$f_{\bar{Z}}(\bar{Z}; W)$ 的自然对数为

$$-\ln(f_{\bar{Z}}(\bar{Z}; W)) = \frac{1}{2} (\bar{Z} - Z(W))^{\mathrm{T}} \Sigma^{-1} (\bar{Z} - Z(W)) + c \quad (4.3)$$

其中，c 是独立于 W 的一项。

Cramer-Rao 不等式可以把获得的协方差和一个无偏估计器联系起来[92, 93]。对于 W 的无偏估计 $\bar{W}$，Cramer-Rao 界表达式为

$$E[(\bar{W} - W)(\bar{W} - W)^{\mathrm{T}}] \geqslant \Gamma(W)^{-1} = C(W) \quad (4.4)$$

以上定义的 $\Gamma(W)$ 称为 Fisher 矩阵。如果式（4.4）取等号，则这样的估计器称为有效估计器，且估计参数 $\bar{W}$ 是唯一的。

Fisher 矩阵 $\Gamma(W)$ 的 (i, j) 元表示为

$$(\Gamma(W))_{i,j} = E\left[\frac{\partial}{\partial w_i} \ln(f_{\bar{Z}}(\bar{Z}; W)) \frac{\partial}{\partial w_j} \ln(f_{\bar{Z}}(\bar{Z}; W)) \right] \quad (4.5)$$

其中，∂ 是求偏导数的符号。进一步，在高斯测量误差假设下，Fisher 矩阵 $\Gamma(W)$ 的 (i, j) 元表示为

$$(\Gamma(W))_{i,j} = \frac{\partial Z(W)^{\mathrm{T}}}{\partial w_i} \Sigma^{-1} \frac{\partial Z(W)}{\partial w_j} + \frac{1}{2} \mathrm{tr}\left(\Sigma^{-1} \frac{\partial \Sigma}{\partial w_i} \Sigma^{-1} \frac{\partial \Sigma}{\partial w_j} \right) \quad (4.6)$$

其中，$\mathrm{tr}(\cdot)$ 是矩阵的迹。通常来说，当协方差 Σ 是真实参数状态 W 的函数时，式（4.6）中的 $\mathrm{tr}(\cdot)$ 项才有意义。然而，这里考虑的所有情况都是假设 Σ 与被估计的参数 W 相互独立的。在这种情况下，式（4.6）被简化为

$$(\Gamma(W))_{i,j} = \frac{\partial Z(W)^{\mathrm{T}}}{\partial w_i} \Sigma^{-1} \frac{\partial Z(W)}{\partial w_j} \quad (4.7)$$

如果 $(\Gamma(W))_{i,j} = 0$，则表明 w_i 和 w_j 是正交的，且它们的最大相关估计是相互独立的。于是完整的 Fisher 矩阵表达为

$$\Gamma(W) = \nabla_W Z(W)^{\mathrm{T}} \Sigma^{-1} \nabla_W Z(W) \quad (4.8)$$

其中，$\nabla_w Z(W)$ 是与 W 相关的测量变量的 Jacobian 矩阵。应该注意到，只要 Fisher 矩阵 $\Gamma(W)$ 是可逆的，矩阵 $C(W) = \Gamma(W)^{-1}$ 就是对称的。$C(W)$ 称为不确定椭圆。不确定椭圆 $C(W)$ 的测量函数为我们提供了一个描述无偏估计器性能的手段。

　　RFID 多标签系统动态性能的读取效率、识读距离、读取速度除了受算法的影响，同时会受标签几何分布的影响。实际应用中，影响多标签系统动态识读性能的因素不仅取决于测量精度与算法，也与多标签相对读写器的几何分布有密切联系。将 Fisher 矩阵理论引入多标签系统的动态性能分析，通过建立几何模型，推导出 RFID 多标签系统取得最优识读性能所对应的最优几何分布图形，可以为提高系统识读性能、减少碰撞发生提供参考依据。

4.3　基于 Fisher 矩阵的分布模型

　　基于多标签系统定位的 Fisher 矩阵可表示为[94]

$$I_r(P) = \nabla_p r(P)^{\mathrm{T}} R_r^{-1} \nabla_p r(P) \tag{4.9}$$

其中，P 为目标的状态参量；$\nabla_p r(P)$ 为 Jacobian 矩阵：

$$\nabla_p r(P) = \begin{bmatrix} \sin\varphi_1 & \cos\varphi_1 \\ \vdots & \vdots \\ \sin\varphi_N & \cos\varphi_N \end{bmatrix} \tag{4.10}$$

其中，φ_i 为第 i 个标签与目标的夹角。令 $R_r = \sigma^2_r I_N$，因此 N 个标签的 Fisher 矩阵可用如下形式表达[95]：

$$I_r(P) = \frac{1}{\sigma_r^2} \sum_{i=1}^{N} \begin{bmatrix} \sin^2\varphi_i & \dfrac{\sin(2\varphi_i)}{2} \\ \dfrac{\sin(2\varphi_i)}{2} & \cos^2\varphi_i \end{bmatrix} \tag{4.11}$$

　　通过计算 Fisher 矩阵的行列式值是否满足 CRB，利用参数估计理论可以判断无偏估计的最优性能。若得到的统计结果最优，则 Fisher 矩阵的逆就为定位误差的协方差矩阵。若系统中的标签分布令 P 为一个有效的无偏估计量，并且有很小的空间误差变化，则这种分布将达到最优。因此求解 Fisher 矩阵（4.11）的行列式值，可获得系统定位性能与标签几何分布的关系。计算 Fisher 矩阵的行列式值：

$$\det(I_r(P)) = \frac{1}{4\sigma_r^4}\left[N^2 - \left(\sum_{i=1}^{N}\cos(2\varphi_i)\right)^2 - \left(\sum_{i=1}^{N}\sin(2\varphi_i)\right)^2 \right] = \frac{1}{\sigma_r^4}\sum_S \sin^2(\varphi_j - \varphi_i), \quad j > i$$

$$\tag{4.12}$$

其中，$S = \{\{i,j\}\}$，定义了所有 i 与 j 的组合的集合，且 $i,j \in \{1,2,\cdots,N\}$，$j > i$。

式（4.12）中存在一个极值，当行列式值等于或无限接近该值时，标签-待定位目标的几何分布达到最优。通过对式（4.12）求导可得到取得极值的条件。如果标签数为 N，基于多标签定位的 Fisher 矩阵行列式的极值为 $N/(4\sigma_r^4)$。要达到该极值，必须同时满足[96]

$$\sum_{i=1}^{N}\cos(2\varphi_i(x)) = 0 \tag{4.13}$$

$$\sum_{i=1}^{N}\sin(2\varphi_i(x)) = 0 \tag{4.14}$$

多标签-待定位目标的最优几何分布图形的基本特征便是由式（4.13）、式（4.14）求解得到的角度信息构成的。

4.4　多标签最优化几何分布研究

4.4.1　半物理验证系统设计

本节基于 RFID 原理设计了基于光电传感的 RFID 多标签几何分布最优化检测半物理验证系统，原理图如图 4.3 所示，该平台主要由货物传输带、托盘、激光测距传感器、光学升降平台、天线和标签组成，并应用于托盘级动态测试平台中。

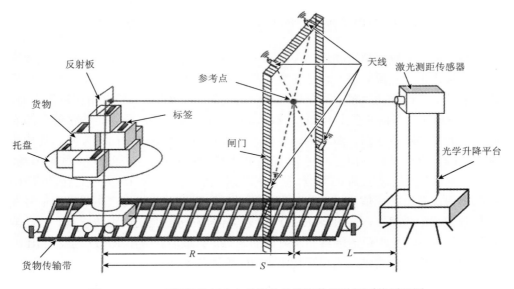

图 4.3　RFID 多标签几何分布最优化检测半物理验证系统原理图

RFID 多标签几何分布最优化检测系统实物图如图 4.4 所示，RFID 天线选用 Larid A9028 远场天线，最大识读距离约为 15m。RFID 读写器选用美国 Impinj 公司的 Speedway Revolution R420 超高频读写器。激光测距传感器选用德国 Wenglor 公司的 X1TA101MHT88 型激光测距传感器，该传感器测量距离范围为 50m，精度为 2μm。

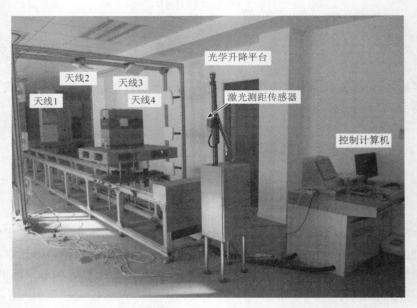

图 4.4　RFID 多标签几何分布最优化检测半物理验证系统实物图

　　整个检测系统模拟货物进出库步骤，在货物传输带上架设托盘，托盘上放置货物，货物上安装反射板，设定托盘托举高度和货物传输带传输速度，托盘在货物传输带上匀速传动以模拟叉车进出闸门的动作。将 RFID 标签贴附在货物表面，把一个 RFID 读写器和多个 RFID 天线安装在闸门上，在正对货物传输带的一侧安装一个激光测距传感器，激光测距传感器光束指向货物进入闸门的方向。货物传输带连同架设托盘向闸门方向运动，贴有 RFID 标签的货物进入 RFID 天线辐射场，某一个 RFID 天线感应到 RFID 标签反射的射频信号，与 RFID 天线连接的 RFID 读写器串口发出跳变信号。RFID 读写器通过串口通信的方式将产生的跳变信号发送给激光测距传感器，同时将 RFID 天线的标号发送给激光测距传感器，启动测距程序，测量激光测距传感器到反射板的距离值。最后计算出 RFID 天线到 RFID 标签的距离值，作为闸门入口环境下 RFID 识读范围。

　　该系统采用间接测量的方式测量识读范围。调整光学升降平台，使激光测距传感器光束瞄准货物上安装的反射板，定义激光测距传感器光束与闸门所在平面的交点为参考点。然后设反射板到参考点的距离为 R，激光测距传感器到参考点的距离为固定值 L，激光测距传感器到反射板的距离为 S，第 i 个 RFID 天线到参考点的距离为固定值 H_i，其中 i 为 RFID 天线的标号，则 $R = S - L$，第 i 个 RFID 天线到 RFID 标签的距离值为 $T_i = (R^2 + H_i^2)^{1/2}$，$T_i$ 即为闸门入口环境下 RFID 识读范围。

4.4.2　半物理实验验证

基于以上的标签-待定位目标最优几何分布模型，选取直角坐标系为多标签定位系统参考坐标，X-Y 构成的平面为标签与目标所在平面区域，而 Z 代表该区域内每点对应的 Fisher 矩阵行列式归一化值。Z 方向上值的大小决定了该点的读取效率。

当多标签定位系统含有 3 个标签，将 $N = 3$ 代入式（4.12），并且令 $\sigma_r^2 = 1$，化简后可以得到

$$\det(I_r(P)) = \sin^2 A + \sin^2 B + \sin^2 (A - B) \tag{4.15}$$

其中，$A = \phi_3(P) - \phi_1(P)$，$B = \phi_2(P) - \phi_1(P)$，$A, B \in [0, 2\pi)$。仿真得到的 Fisher 矩阵行列式值在传感器-目标所在平面区域的分布图，如图 4.5 所示。

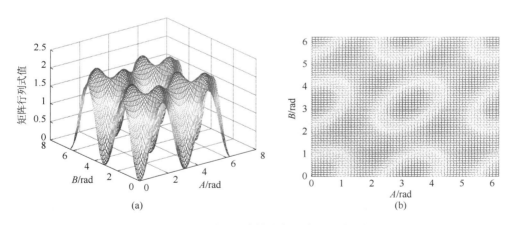

(a)　　　　　　　　　　　　　　　(b)

图 4.5　N=3 时行列式值分布三维图及俯视图

由图 4.5 可以看出，Fisher 矩阵行列式值有 8 个最大值点和 9 个最小值点。8 个最大值包含了 $\left(A = \dfrac{2\pi}{3}, B = \dfrac{\pi}{3} \right)$、$\left(A = \dfrac{4\pi}{3}, B = \dfrac{2\pi}{3} \right)$ 等分布情况，行列式值为 $\dfrac{9}{4}$；9 个最小值点包含了 $(A = 0, B = \pi)$、$(A = 2\pi, B = \pi)$ 等分布情况，行列式值为 0。

为方便实验，取两组特殊值进行实验验证，标签位置的示意图如图 4.6 所示，

分别取 $\left(\phi_1 = 0, \phi_2 = \dfrac{\pi}{3}, \phi_3 = \dfrac{2\pi}{3}\right)$ 为行列式极大值（图 4.6（a）），$(\phi_1 = 0, \phi_2 = 0, \phi_3 = \pi)$ 为行列式极小值（图 4.6（b））。

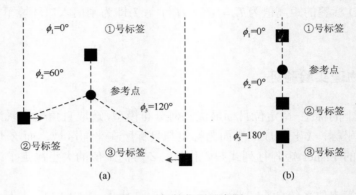

图 4.6　标签位置示意图

由图 4.6 的分布对式（4.15）进行仿真，得到 Fisher 矩阵行列式值与标签位置关系三维图，如图 4.7 所示。

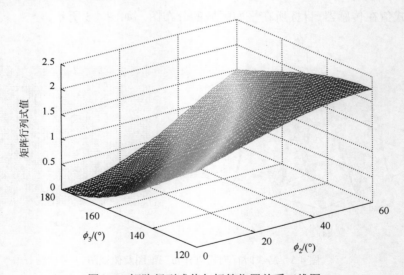

图 4.7　矩阵行列式值与标签位置关系三维图

为方便观察，分别固定 $\phi_3 = 120°$，令 ϕ_2 在 $[0,60°]$ 变化，可得到仿真图 4.8（c）；固定 $\phi_2 = 0°$，令 ϕ_3 在 $[120°,180°]$ 变化，可得到仿真图 4.8（a）。这同时保证了矩阵行列式在最大值和最小值之间的变化。在实验中，根据标签位置示意图（图 4.6），固定①号标签，分别改变②、③号标签相对参考点的角度，可分别得到标签识读距离与标签角度变化关系的拟合曲线，如图 4.8（b）和图 4.8（d）所示。

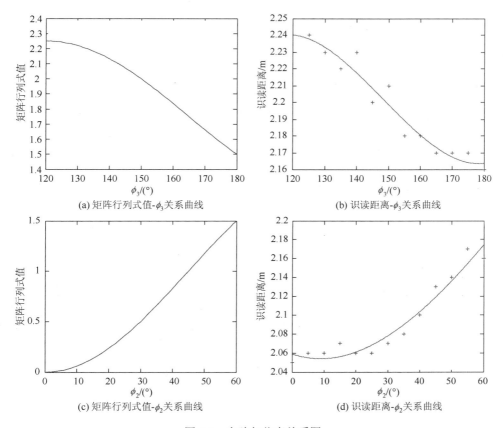

图 4.8   实验与仿真关系图

对图 4.8（a）行列式理论值与图 4.8（b）识读距离实验值进行对比分析可以看出，仿真曲线和实验得到的拟合曲线变化趋势相同，随着③号标签角度 ϕ_3 增大，矩阵行列式值与标签识读距离都随之减小；对图 4.8（c）行列式理论值与图 4.8（d）识读距离实验值进行对比分析可以看出，随着②号标签角度 ϕ_2 增大，矩阵行列式值与标签识读距离都随之增大。

4.5   多标签动态几何模式研究

在光电传感网络中，当标签节点位置固定后，才能准确详细记录被测物体的完整信息，实现对周围环境的实时有效监控。根据目标是否移动，可将定位研究分为两类，即静态定位和动态定位。静态定位是利用物理、地理等条件约束，固定参考点和待测点位置，利用几何关系测距定位；动态定位以静态定位为基础，结合目标移动时沿途各参考点获取的实时信息，对目标位置进行估测。在移动目标定位中，所选路径对定位算法性能有直接影响，如定位精度、识别效率、能量损耗等。近年来，国内外学者对动态路径规划开展了广泛研究，给出多种路径规划算法，在不同的移动物联网环境多标签几何模式下，如何获得最佳路径及定位效果；对预先规划好的路径、速率等进行适时调整以获得最优结果，是本节研究的重点。本节在 4.4 节的基础上，将 Fisher 矩阵理论应用于标签系统动态定位，引入与时间相关参数，建立几何理论模型，分析移动物联网环境下多标签几何模式[97]。利用仿真分析，获得目标在不同路径上、不同速率移动时各个时间点定位效率，作为判定所选路径优劣的依据。借助基于 Fisher 矩阵的动态定位，可以准确判定最优测试点，以及在定位区域内各测试点的信息读取性能，为提高系统定位性能、减少测量误差提供参考依据。

4.5.1　理论推导

在 4.2 节推导的 Fisher 矩阵行列式基础上，由于行列式值的大小可作为评判目标被识别的概率大小和定位效果优劣的依据，因此此处将行列式值自定义为目标定位识别值，用符号 β 表示，它表征了标签的识读性能，而定位识别值 β 与 $N^2/(4\sigma_r^4)$ 的比值就是固定标签数目下的识别效率。

由于目标处于运动状态，需引入时间及目标移动速率的状态参量。目标的位置与时间 t、加速度 a 有关，坐标函数 $x_p = f_1(a,t), y_p = f_2(a,t)$，代入式（4.1）后再代入式（4.12），获得与时间 t 和加速度 a 相关的目标在某一路径上移动时，任意时间点的定位识别值 β 可表示为

$$\beta = \det(I_r(P)) = \frac{1}{\sigma_r^4}\sum_S \sin^2\left[\arctan\left(\frac{f_1(a,t)-x_i}{f_2(a,t)-y_i}\right) - \arctan\left(\frac{f_1(a,t)-x_j}{f_2(a,t)-y_j}\right)\right] \quad (4.16)$$

式（4.12）中参考标签的数目 N 是任意的，它主要以组合形式体现，即 $S = \{\{i,j\}\}$，且 $i,j \in \{1,2,\cdots,N\}$，$j > i$。对于不同路径及移动速率，x_p 和 y_p 关于时间 t、加速度 a 的表达式都不相同。

4.5.2　系统仿真与分析

为评估所提出的算法性能，对选取的不同路径及速率进行实验仿真，进而对相关实验结果进行分析比较。实验仿真过程中，选取直角坐标系为标签定位系统参考坐标，在选定的区域内（[0，20]，[0，20]）分别布置三种最优分布情况。

如图 4.9 所示，*X-Y* 构成标签位置分布和目标移动路径所在的平面区域，图中将三种标签最优分布情况放置在同一平面上。图 4.9 中三条实/虚线代表预先选定的三类不同路径（路径 S_1、S_2、S_3），图 4.9（a）表示正三角形分布的三个标签和目标的三种运动路径，图 4.9（b）表示正方形分布的四个标签和目标的三种运动路径，图 4.9（c）表示正五边形分布的三个标签和目标的三种运动路径。每种传感器分布都对应三类选择路径，在标签和路径都固定的情形下，考虑不同移动速率对识别效率的影响。

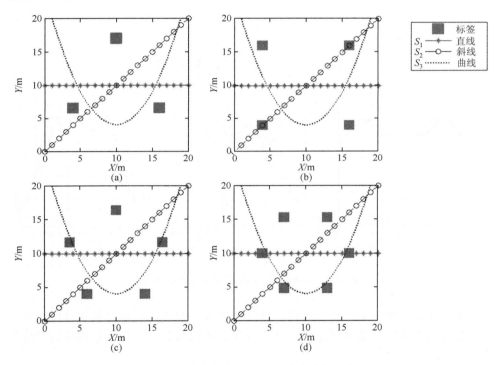

图 4.9　参考标签位置分布及移动路径示意图

4.5.3　目标沿不同路径匀速运动

设速度 *v* 取某一定值 *a* 不变，定位系统每隔 0.2s 读取一次目标信息，$\sigma_r^2 = 1$。以三个标签为例，在标签几何中心上下的三种运动路径的六条运动方式如图 4.10 所示。图 4.10（a）表示直线情况下的六条运动路径，图 4.10（b）表示斜线情况下的六条运动路径，图 4.10（c）表示曲线情况下的六条运动路径。移动目标沿不同路径匀速移动，以 Fisher 矩阵理论为依据，绘制时间 *t* 与目标识别值 *β* 的关系曲线，如图 4.11 所示。由于是匀速运动，对于同一路径，无论速度 *v* 取何值，曲线的趋势走向是一样的，不同取值只导致系统读取次数不同。

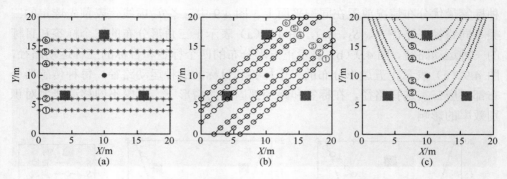

图 4.10 三种运动方式下的六条运动路径

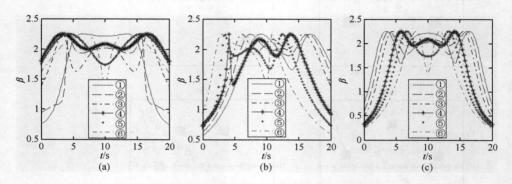

图 4.11 目标定位识别值随时间变化曲线

在相同标签数目下，将三种路径直线、斜线、曲线，依据之前仿真结果从六种位置分布中各选一条最优路径，并进行比较不同路径对定位识别值随时间变化关系，如图 4.12 所示。

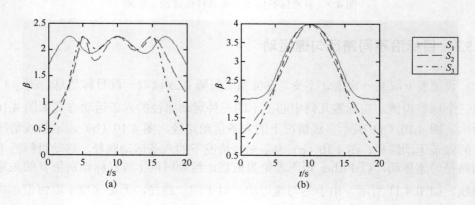

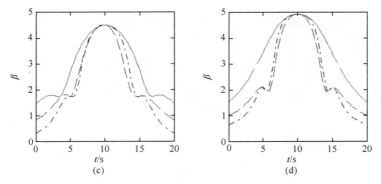

图 4.12　不同标签分布下不同路径定位识别值随时间变化关系

　　图 4.12 中选取了三种参考标签最优分布，图（a）、图（b）、图（c）分别代表标签数目为 3、4、5 的情形。每幅图中的三条曲线，分别对应三种路径。从图 4.12 中可以看出，在速率相同的情况下，选取不同路径，目标被识别的效率不同。可通过计算选取时间段内的定位识别值的平均值，比较大小，评判出最优路径。此外，标签数目在目标定位上也是一个关键因素，比较图 4.12 的纵坐标可知，标签数目越多，定位识别值越大。因此，在条件允许范围内，适当增加标签数目也是提高系统定位性能的一种有效措施。

4.5.4　目标沿不同路径变速运动

　　假设匀速运动时速度分别为 0.5m/s、1.0m/s、1.5m/s，将数据代入式（4.16），可得到只与时间 t 相关的定位识别值关系式，具体如下：

$$\beta_1 = \det(I_r(P)) = \sum_S \sin^2 \left[\arctan \left(\frac{f_1(0,t) - x_i}{f_2(0,t) - y_i} \right) - \arctan \left(\frac{f_1(0,t) - x_j}{f_2(0,t) - y_j} \right) \right] \quad (4.17)$$

　　由式（4.17）绘制对应不同参考标签数目、不同速度下的定位识别值随时间变化关系曲线图，如图 4.13 所示。

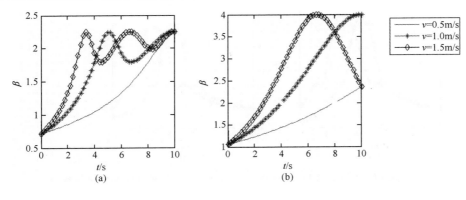

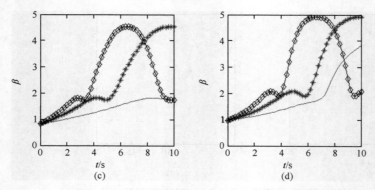

图 4.13　不同标签数目的不同速度下定位识别值随时间变化关系

图 4.13（a）表示三种运动速度下三个标签的定位识别值，图 4.13（b）表示三种运动速度下四个标签的定位识别值，图 4.13（c）表示三种运动速度下五个标签的定位识别值，图 4.13（d）表示三种运动速度下六个标签的定位识别值。从图 4.13 中可以看出，不同的运动速度对定位识别值有很大的影响。

假设加速运动时，初速度为 0，加速度分别为 $0.1m/s^2$、$0.2m/s^2$、$0.3m/s^2$，可得到只与时间 t 相关的定位识别值关系式，绘制对应不同参考标签数目、不同速度下的定位识别值随时间变化关系曲线图，如图 4.14 所示。

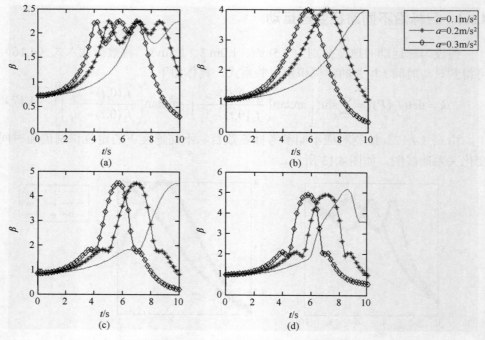

图 4.14　不同标签数目的不同加速度下定位识别值随时间变化关系

图 4.14（a）表示三种运动加速度下三个标签的定位识别值，图 4.14（b）表示三种运动加速度下四个标签的定位识别值，图 4.14（c）表示三种运动加速度下五个标签的定位识别值，图 4.14（d）表示三种运动加速度下六个标签的定位识别值。从图 4.14 中可以看出，在移动物联网环境下，如果参考标签数目都相同，一般情况下，目标匀速运动与变速运动达到最优定位时间不一样，这与目标移动速度和加速度的取值有关。由于选取的路径差别不大，因此同种标签分布下，移动目标被识别的效率随时间变化的趋势大体相同，但不同的移动速率对目标定位性能影响较大。

4.6　本　章　小　结

本章研究了基于距离测量的多标签系统最优几何分布模型及相关数学表达式，提供了一种物理防碰撞的新思路。为提高多标签系统动态性能、减小识读误差，引入含状态参量的 Fisher 矩阵作为理论依据，研究了标签几何分布与动态性能间的关系，提出了合理利用标签分布位置来提高 RFID 多标签系统识读性能的新方法。通过半物理仿真，给出最优的标签位置分布，理论与实验结果规律相符，利用 Fisher 矩阵作行列式来判定 RFID 多标签系统识读性能是可行的。同时，本章研究了基于距离测量的 RFID 定位系统最优路径规划评判模型，利用 Fisher 矩阵作为判据，研究移动物联网环境下 RFID 多标签几何模式，通过半物理验证实验，给出了不同速率、路径下 RFID 多标签几何图形特征，研究结果表明，所选路径及速率对移动物联网环境下 RFID 定位结果有直接影响。本章研究表明，RFID 标签的不同几何分布，物联网系统的识读性能有着显著差异，但本章仅从理论上提出了最优几何分布的数学模型，而面向实际应用系统，不可能保证标签始终为最优几何分布，这就需要在应用中不断训练和学习，使得以 RFID 标签为核心的传感网络具备自适应调整和优化的能力。在第 5 章中将开展基于神经网络的 RFID 多标签分布优化研究，将重点围绕三种基于神经网络的 RFID 多标签优化方法，对其进行理论分析及半物理实验验证，并就识读性能及运算时间对三种方法进行比较分析，提出针对不同应用场景的自适应学习算法。

第 5 章　人工神经网络在 RFID 多标签分布优化中的应用及半物理验证

物理防碰撞技术是针对 RFID 多标签系统的优化而提出的，但系统本身的学习能力和自适应是物理防碰撞技术应用的关键。随着仿生科学的发展，人工神经网络已应用于各种优化的场合，本章将利用反向传播（back propagation，BP）、遗传算法优化 BP（genetic algorithm-back propagation，GA-BP）、粒子群（particle swarm optimization，PSO）神经网络分别对 RFID 多标签分布对 RFID 系统识读性能的影响进行理论分析及半物理实验验证，并就识读性能及运算时间对三种方法进行比较分析。本章研究对推动物理防碰撞技术的实际应用具有重要意义。

人工神经网络方法是建立在现代神经科学研究成果基础上的一种抽象的数学模型，它反映了大脑功能的若干基础特征，但并非逼真的描写，只是某种简化、抽象和模拟。人工神经网络的基本思想是从仿生学角度模拟人脑神经系统的运作方式，使机器具有人脑那样的感知、学习和推理能力。它将控制系统看成由输入到输出的一个映射特性，从而完成对系统的建模和控制，它使模型和控制的概念更加一般化。理论上讲，基于神经网络的控制系统具有一定的学习能力，能够更好地适应环境和系统特性的变化，非常适合于复杂系统的建模和控制。特别是当系统存在不确定因素时，更体现了神经网络方法的优越性。它高度综合了计算机科学、信息科学、生物科学、电子学、物理学、医学、数学等众多学科，具有独特的非线性、非凸性、非局限性、非定常性、自适应性和容错性。它强大的计算能力和各种信息处理能力，既标志着人工智能、认知科学、计算机等学科的发展进入一个崭新的阶段，也为各专业领域的应用研究带来了新的契机。

5.1　基于 BP 神经网络的 RFID 多标签分布优化

5.1.1　BP 神经网络基本概念

BP 神经网络是采用 BP 算法进行训练的一种网络结构。其结构如图 5.1 所示，X_i 为输入，V 为输入层到隐含层的传递函数，Z_k 为输入值 X_i 经传递函数 V 得出的输出，W 为隐含层到输出层的传递函数，Y_j 由 Z_k 经传递函数 W 得出，为输出值。E 为输出层各神经元的实际输出与期望输出之差。BP 算法包括两个方面：信号的前向传播和误差的反向传播。即计算实际输出时按从输入到输出的方向进行，而权值和阈值的修正则是 BP 算法向着误差（E）减小的方向从输出到输入的方向逐步进行。此过程将不断重复直至误差（E）降至预设值。

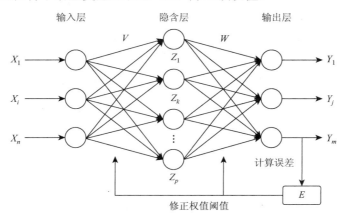

图 5.1　BP 神经网络结构示意图

　　BP 神经网络的每个神经元结构如图 5.2 所示，前一层（A）的 n 个神经元的输出将作为后一层（B）各神经元的输入。设 A 层各神经元的输出为 x_i，B 层各神经元的阈值为 θ_j，两层之间的连接权值为 w_{ij}，则 B 层各神经元的输入加权和为

$$s_j = \sum_{i=1}^{n} x_i w_{ij} - \theta_j \tag{5.1}$$

　　y_j 作为 B 层各神经元的输出，由其转移函数所决定。转移函数可以任取，本书采用双曲正切函数作为转移函数。其数学表达式如下：

$$f(x) = \frac{e^x - e^{-x}}{e^x + e^{-x}} \tag{5.2}$$

因此，B 层各神经元输出为

$$y_j = f(s_j) = \frac{e^{s_j} - e^{-s_j}}{e^{s_j} + e^{-s_j}} \tag{5.3}$$

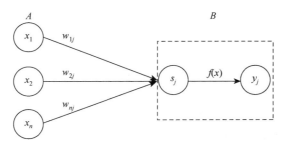

图 5.2　BP 神经网络的神经元

5.1.2　BP 网络的学习算法

　　BP 网络模型实质上实现了一个从输入到输出的映射功能，理论证明，三层神经网络就能够以任意精度逼近任何非线性连续函数，具有较强的非线性映射能力，同时具有高度的自学习和自适应的能力[98]。BP 算法流程图如图 5.3 所示。

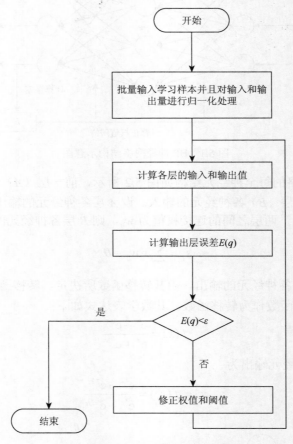

图 5.3　BP 神经网络算法流程图

　　为方便对 BP 网络的算法过程进行具体分析，先对各符号进行说明：

（1）输入向量 $P_k = (a_1, a_2, \cdots, a_n)$；

（2）目标向量 $T_k = (y_1, y_2, \cdots, y_n)$；

（3）中间层单元输入向量 $S_k = (s_1, s_2, \cdots, s_n)$，输出向量 $B_k = (b_1, b_2, \cdots, b_n)$；

（4）输出层单元输入向量 $L_k = (l_1, l_2, \cdots, l_n)$，输出向量 $C_k = (c_1, c_2, \cdots, c_n)$；

（5）输入层至中间层的连接权值 w_{ij}，$i=1,2,\cdots,n$，$j=1,2,\cdots,p$；

（6）中间层至输出层的连接权值 v_{jt}，$j=1,2,\cdots,p$，$t=1,2,\cdots,q$；

（7）中间层各单元的输出阈值 θ_j，$j=1,2,\cdots,p$；

（8）输出层各单元的输出阈值 γ_j，$j=1,2,\cdots,p$；

（9）参数 $k=1,2,\cdots,p$。

具体算法如下：

（1）初始化。给每个连接权值 w_{ij}、v_{jt}、阈值 θ_j 与 γ_j 赋予区间（−1，1）内的随机值。

（2）随机选取一组输入和目标样本 $P_k=(a_1,a_2,\cdots,a_n)$、$T_k=(y_1,y_2,\cdots,y_n)$ 提供给网络。

（3）用输入样本 $P_k=(a_1,a_2,\cdots,a_n)$、连接权值 w_{ij} 和阈值 θ_j 计算中间层各单元的输入 s_j，然后用 s_j 通过传递函数计算中间层各单元的输出 b_j。

$$s_j=\sum_{i=1}^{n} w_{ij}a_i-\theta_j,\quad j=1,2,\cdots,p \tag{5.4}$$

$$b_j=f(s_j),\quad j=1,2,\cdots,p \tag{5.5}$$

（4）利用中间层的输出 b_j、连接权值 v_{jt} 和阈值 γ_j 计算输出层各单元的输出 L_t，然后利用传递函数计算输出层各单元的响应 C_t。

$$L_t=\sum_{j=1}^{p} v_{jt}b_j-\gamma_j,\quad t=1,2,\cdots,q \tag{5.6}$$

$$C_t=f(L_t),\quad t=1,2,\cdots,q \tag{5.7}$$

（5）利用目标向量 $T_k=(y_1,y_2,\cdots,y_n)$，网络实际输出 C_t，计算输出层的各单元一般化误差 d_t^k。

$$d_t^k=(y_t^k-C_t)C_t(1-C_t),\quad t=1,2,\cdots,q \tag{5.8}$$

（6）利用连接权值 v_{jt}、输出层的一般化误差 d_t^k 和中间层的输出 b_j 计算中间层各单元的一般化误差 e_j^k。

$$e_j^k=\left(\sum_{t=1}^{q} d_t v_{jt}\right)b_j(1-b_j) \tag{5.9}$$

（7）利用输出层各单元的一般化误差 d_t^k 与中间层各单元的输出 b_j 来修正连接权值 v_{jt} 和阈值 γ_j。

$$v_{jt}(N+1)=v_{jt}(N)+\alpha d_t^k b_j$$
$$\gamma_j(N+1)=\gamma_j(N)+\alpha d_t^k \tag{5.10}$$
$$t=1,2,\cdots,q,\quad j=1,2,\cdots,p,\quad 0<\alpha<1$$

（8）利用中间层各单元的一般化误差 e_j^k，输入层各单元的输入 $P_k = (a_1, a_2, \cdots, a_n)$ 来修正连接权值 w_{ij} 和阈值 θ_j。

$$w_{ij}(N+1) = w_{ij}(N) + \beta e_j^k a_i^k$$
$$\theta_j(N+1) = \theta_j(N) + \beta e_j^k \qquad (5.11)$$
$$i = 1, 2, \cdots, n, \quad j = 1, 2, \cdots, p, \quad 0 < \beta < 1$$

（9）随机选取下一个学习样本向量提供给网络，返回步骤（3），直到 m 个训练样本训练完毕。

（10）重新从 m 个学习样本中随机选取一组输入和目标样本，返回步骤（3），直到网络全局误差 $E(q)$ 小于预先设定的一个极小值 ε，即网络收敛，学习结束。

5.1.3 RFID 多标签检测系统设计及实现

在智能供应链和资产管理系统中，RFID 标签可以获取大量关于货物的信息，包括序列号、货物参数及配置结构等[99]。当货物到达卸货区时，RFID 读写器会读取标签中的信息并在供应链库存及资产管理系统中写入货物的信息；当货物离开仓库时，RFID 读写器将再次读取标签中的信息并更新供应链库存及资产管理系统中相应货物的信息，以此实现货物进出仓库信息的自动识别及跟踪。

为了模拟货物进出仓的环境，同时便于采集 RFID 多标签的立体分布几何数据，设计了一个 RFID 多标签检测系统，如图 5.4 和图 5.5 所示。该系统主要由三个子系统组成，分别为信息采集系统、标签检测系统及机械控制系统，每个子系统又由相应的设备构成。信息采集系统包括两个部分：图像采集传感器（CCD）和激光测距传感器。其中，CCD 负责采集标签位置信息，而激光测距传感器则负责采集标签被识别时距 RFID 读写器的距离。标签检测系统由 RFID 读写器、若干RFID 天线及一个天线架组成。当贴有标签的货物进入 RFID 天线辐射场范围内时，RFID 天线会将感应到的标签信号传输给 RFID 读写器，再由 RFID 读写器将标签信号传输至计算机进行储存。机械控制系统则由控制计算机、传输带及载有托盘的小车构成。由控制计算机设定托盘的高度及传输带速度，而载有货物的小车则已一定的速度模拟进出仓过程。此 RFID 标签检测系统应用广泛，可以检验的项目较多，包括标签的识读范围、防碰撞性能及标签位置优化等多个方面。

在硬件的选择上，阅读器天线选用了 Larid A9028 远场天线，最大识读距离约为 15m；RFID 阅读器选用 Impinj 公司的 Speedway Revolution R420 超高频阅读器；激光测距传感器选用 Wenglor 公司的 X1TA101MHT88 型激光测距传感器，该传感器测量距离范围为 15m，精度为 2μm；CCD 相机镜头采用日本 Utron 公司的200 万像素级 FV0622 工业镜头，焦距为 6.5mm；定位器采用加拿大 PIONTGREY

公司的 BFLY-PGE-13S2C-CS 空间定位传感器，A/D 转换有效率≥99.9999%，差错率≤1%。

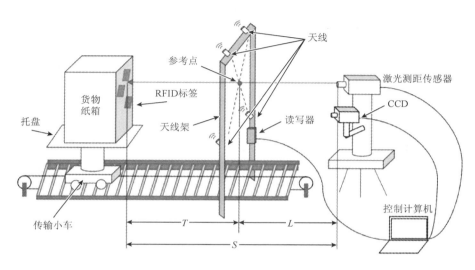

图 5.4　RFID 多标签检测系统原理图

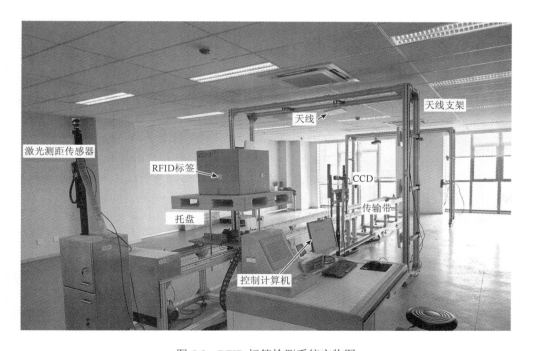

图 5.5　RFID 标签检测系统实物图

整个 RFID 标签检测系统模拟货物进出仓的步骤，在传输带上架设托盘小车，托盘上放置货物，设定托盘的高度和传输带传输速度，载有货物的托盘小车在传输带上匀速运动以模拟叉车进出仓的动作。在货物表面贴上 RFID 标签，在天线架上安装一个 RFID 阅读器和多个 RFID 天线模拟闸门，在传输带轴线的一侧安装一个激光测距传感器，激光测距传感器的光束正对货物进出闸门的方向。载有货物的托盘小车向闸门方向运动，当贴有 RFID 标签的货物进入 RFID 天线辐射场时，RFID 天线接收到 RFID 标签反射的射频信号，向与 RFID 天线连接的 RFID 阅读器串口发出跳变信号。RFID 阅读器通过串口通信的方式将产生的跳变信号发送给激光测距传感器，同时将 RFID 天线的标号也发送给激光测距传感器，启动测距程序，测量出 RFID 天线到 RFID 标签的距离值并作为 RFID 标签的识读距离进行输出。随后，载着货物的托盘小车回到初始位置，并重复上述步骤。另外，在正对 RFID 标签的一侧，安装一个 CCD 相机对标签分布情况进行拍摄并采集标签位置信息。

RFID 标签的识读距离是采用间接测量的方法获得，方法如下。

首先，将激光测距传感器的光束与天线架（闸门）平面的交点定义为参考点，那么标签到参考点的距离为

$$T = S - L \tag{5.12}$$

其中，S 是激光测距传感器到标签的距离；L 是激光测距传感器到参考点的距离。

那么，标签到第 i 个天线的距离可以表示为

$$R_i = (T^2 + H_i^2)^{1/2} \tag{5.13}$$

其中，H_i 表示第 i 个天线与参考点之间的距离。当天线固定在天线架上时，第 i 个天线与参考点之间的距离是手动测量并输入到程序中，在整个检测过程中，此距离保持不变。另外，盒子及标签也保持不变且标签贴于盒子正前方。

标签位置信息的采集由 CCD 完成。首先，CCD 对盒子贴有标签的那一侧进行图像采集。然后，由标签定位程序对采集的图像进行相应的操作得出标签的相对位置坐标（详见 6.4 节）。最终，采集的标签位置坐标及对应识读距离如表 5.1 所示。其中 (x_i, y_i) 代表第 i 个标签的相对位置，d 代表系统测得的识读距离。

表 5.1　标签相对位置及对应识读距离

	x_1/mm	y_1/mm	x_2/mm	y_2/mm	x_3/mm	y_3/mm	d/m
1	137.01	33.62	19.43	107.72	87.13	98.01	2.61
2	14.63	90.74	52.50	14.79	105.8	46.95	2.83
⋮	⋮	⋮	⋮	⋮	⋮	⋮	⋮
226	9.01	117.21	63.06	22.51	139.49	97.20	2.75
227	130.01	55.09	121.69	148.69	42.29	80.96	1.21

这些数据将应用到神经网络的建立与训练中，以形成对应的神经网络模型。此后，由神经网络模型预测出的标签位置及对应识读距离将与实际测得的数据进行对比分析，以此判断神经网络预测的准确性。

5.1.4　BP 神经网络训练及结果分析

以三个标签为例，本节设计了基于 BP 神经网络的多标签优化方法，其中，BP 神经网络的结构如图 5.6 所示。

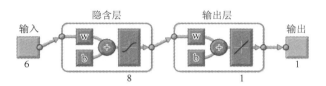

图 5.6　多标签 BP 神经网络的结构

由图 5.6 中可以看出，代表坐标位置的 6 个数据由输入层进入隐含层，并分别在 8 个神经元上借助权值和阈值计算隐含层的输入值，再由输入值计算隐含层的输出值并输入到输出层；在输出层中，用隐含层的输出值、权值和阈值计算出输出层的输入值，并由此计算出最终的输出值将其输出。

将实验所得数据进行了随机分组，采用 Levenberg_Marquardt 的 BP 算法训练函数 trainglm 进行训练，用均方差性能分析函数 mse 进行性能分析，分析结果如图 5.7 所示。从分析结果看，训练次数 Epoch 为 25 次，误差为 0.0487，由于验证样本检验时连续 6 次不下降，终止训练。

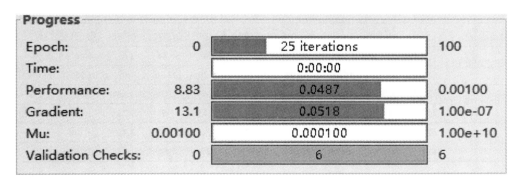

图 5.7　BP 神经网络训练结果

从图 5.7 中可以看出，训练次数和误差极小值没有达到预设的要求，但由于验证样本检验时误差连续 6 次不下降，误差已不再减小，再训练已然没有意义，因此训练终止。此时，虽然误差没有达到预设条件，但由于 BP 网络本身的局限性，网络训练已达到最佳效果。最终，这个训练好的 BP 网络的权值阈值如表 5.2 所示。

表 5.2　BP 神经网络权值阈值

输入层	权值	0.586	−1.223	−0.701	−4.215	−0.142	0.885	−0.441	−0.251
		−0.532	0.498	1.406	1.085	0.578	−0.914	0.404	−0.150
		1.972	−2.105	0.146	0.844	0.579	−0.196	0.139	0.238
		1.059	0.942	−0.568	−0.920	−0.648	0.199	0.795	−0.391
		−0.824	−1.993	1.199	1.343	0.028	−0.971	−0.029	−0.517
		−1.156	3.029	−0.897	0.910	0.175	1.296	−1.138	0.230
	阈值	−2.317	2.690	0.244	0.598	0.779	1.909	0.086	−1.027
输出层	权值	0.568	0.345	1.043	−0.493	−2.122	−1.714	−0.794	3.586
	阈值	4.665							

关于多标签分布对识读性能的影响，本节作了最大识读距离和最小识读距离的预测，并在 5.1 节所述的多标签检测系统上进行了实验验证，其结果如表 5.3 所示。其中，(x_1, y_1)、(x_2, y_2)、(x_3, y_3) 分别代表三个标签的坐标；d_r 代表实际识读距离，d_p 代表 BP 神经网络预测的识读距离；E 代表预测误差，其表达式如下：

$$E = \frac{|d_p - d_r|}{d_r} \times 100\% \tag{5.14}$$

表 5.3　最大（最小）识读距离及对应标签坐标的预测

		x_1/mm	y_1/mm	x_2/mm	y_2/mm	x_3/mm	y_3/mm	d_r/m	d_p/m	E
识读距离（1）	最大值	111.38	5.45	47.89	132.56	0.05	85.84	3.61	3.40	5.8%
	最小值	1.99	148.85	56.90	98.81	117.20	142.36	1.09	1.25	14.6%
识读距离（2）	最大值	133.63	120.12	4.40	109.81	122.63	1.32	3.56	3.60	1.1%
	最小值	49.62	28.64	42.03	85.58	136.35	71.51	1.21	1.17	3.3%
识读距离（3）	最大值	2.93	49.88	140.70	8.37	89.26	77.44	3.42	3.70	8.1%
	最小值	130.01	55.09	121.69	148.69	42.29	80.96	1.21	1.26	4.1%

从表 5.3 中可以看出，3 组数据的预测中有一半预测误差较大，另一半表现良好，从定量方面考虑，BP 神经网络的预测结果并不理想，但从定性方面看，使用 BP 网络预测出的最大（最小）识读距离对应的标签坐标与实际相符，证明了采用

神经网络研究标签分布的可行性。

虽然 BP 神经网络在预测上的表现一般，但其具有运算简单、易于控制等优点，在某些实时计算的场合有一定的实用价值。下一步，将针对 BP 网络对于复杂非线性系统预测误差较大的缺点，使用其他改进的神经网络算法对其进行优化。

5.2　基于 GA-BP 神经网络的 RFID 多标签分布优化

5.2.1　GA-BP 神经网络的基本概念

遗传算法优化 BP（GA-BP）神经网络的核心是用遗传算法（GA）来优化 BP 神经网络的初始权值和阈值，使优化后的 BP 神经网络能够更好地预测函数输出[100, 101]。其网络结构与 BP 神经网络大致相同，如图 5.8 所示。其中 X_i 为输入，Y_j 为输出，w 为权值，b 为阈值。网络的初始权值阈值经由 GA 进行优化后赋予 BP 神经网络[102]。

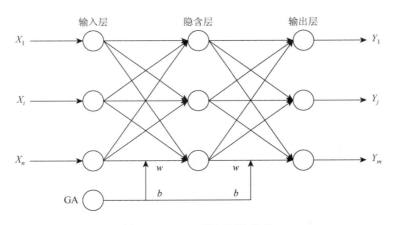

图 5.8　GA-BP 神经网络结构

GA 的要素主要包括种群初始化、适应度函数、选择操作、交叉操作和变异操作。

1）种群初始化

种群初始化包括两个方面：个体编码和群体设定。个体编码是指把实际问题的有关参数转化为 GA 空间的代码串（染色体），当用 GA 求得最优解之后，再将代表最优解的代码串转化为实际问题的相应参数。从数学角度上来讲，编码是一种映射，表达这种映射关系的方法有很多种，如二进制编码，多参数映射编码及实数编码等，本书采用的编码方法为实数编码，每个个体均为实数串，由各层之间的连接权值和输阈值组成。

在编码方法决定后，就要设定初始群体，即给定初始群体的规模大小。初始群体的规模大小对 GA 有很大的影响，群体规模越大，经遗传操作后获得最优解的概率越高，算法陷入局部优化的概率越小，但群体规模也不是越大越好，规模过大会使适应度评判次数增加，导致计算效率的下降。另外，群体规模太小会使其在算法空间中的分布范围过小，而使最优解的搜索过早停止，陷入局部最优情况。一般情况下，群体规模的取值在几十到几百范围内。

2）适应度函数

适者生存是自然选择的基本规律，在 GA 中，适应度函数是评判个体生存的唯一标准。GA 对适应度函数的限制较少，它可以不是连续可微函数，其定义域可以为任意集合，但由于要用适应度函数计算个体生存概率，因此适应度函数的值必须为非负值。

3）选择操作

GA 选择操作是指从上一代群体中挑选某个个体放入新的群体之中。个体被选中的概率与其适应度有关，适应度越好，被选中的概率越大。选择操作有多种方法，其中最常用的是适应度比例法，也称为赌盘法（图 5.9）。该方法的基本原则是个体被选中的概率跟其适应度成正比。

设群体大小为 n，个体 i 的适应度为 f_i，则个体 i 被选中的概率 p_i 为

$$p_i = \frac{f_i}{\sum\limits_{i=1}^{n} f_i} \tag{5.15}$$

把每个个体按按其生存概率 p_i 在转盘上划分成扇形区域并放入其中，随机转动转盘，转盘停止时，指针所指的扇区就表示与其相应的个体被选中，转轮共计转动 n 次（n 代表群体规模），若某个个体一次都没被指到，即代表着该个体被淘汰。

4）交叉操作

交叉操作是指从群体中任意挑选两个个体，使其在任意一个位置或者多个位置上进行交换，以组合成两个新的个体。以二进制字符串为例，交叉操作如图 5.10 所示。

5）变异操作

变异操作是指从群体中任意选择一个个体，在此个体上的任意一个位置进行变异以形成新的个体。同样以二进制字符串为例，变异操

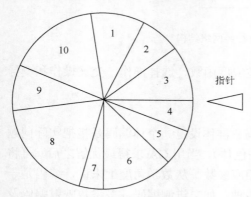

图 5.9　使用赌盘法决定被选择的个体（$n=10$）

作如图 5.11 所示。

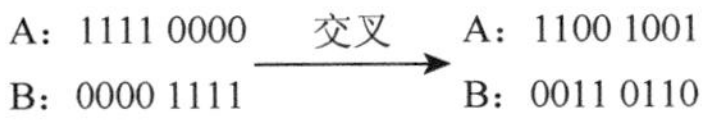

A: 1111 0000　　交叉　　A: 1100 1001
B: 0000 1111　　———▶　　B: 0011 0110

图 5.10　交叉操作

A: 1111 0000　　变异　　A: 1111 0100
　　　　　———▶

图 5.11　变异操作

5.2.2　GA-BP 算法

GA-BP 神经网络算法流程如图 5.12 所示，首先确定 BP 神经网络的结构及其初始权值阈值，并将初始权值阈值赋予 GA 进行编码。然后，以 BP 神经网络的预测误差作为适应度值对权值阈值进行选择、交叉、变异等操作，直至适应度值满足条件位置。随后，将优化过后的权值阈值赋予 BP 神经网络，使其进行自主学习得出最后结果。

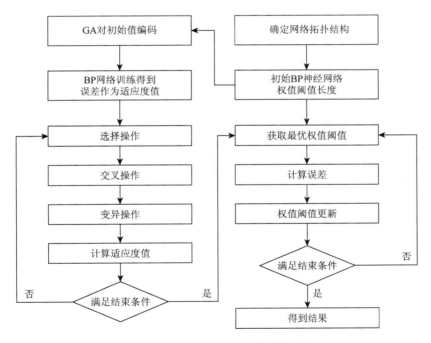

图 5.12　GA-BP 神经网络算法流程图

算法具体如下。

BP 神经网络的算法不再赘述（详见 5.1 节），下面对 GA 进行叙述。

1）个体编码

如前所述，本节采用的编码方式为实数编码，即将权值阈值按照顺序依次排列，组成一个向量 A：

$$A = [w_{11}, w_{12}, \cdots, w_{1n}, b_1, w_{21}, w_{22}, \cdots, w_{2n}, b_2, \cdots, w_{m1}, w_{m2}, \cdots, w_{mn}, b_m] \quad (5.16)$$

其中，w 为权值；b 为阈值；m 为隐含层节点数；n 为输入层节点数。

2）适应度函数

本节选取预测输出和期望输出的误差绝对值之和为适应度函数，根据个体对应的 BP 网络权值阈值，训练 BP 网络后预测输出，将预测输出和期望输出的误差绝对值之和作为个体适应度值 F，公式为

$$F = k \left[\sum_1^n \mathrm{abs}(y_i - o_i) \right] \quad (5.17)$$

其中，n 为输出节点数；y_i 为第 i 个节点的期望输出；o_i 为第 i 个节点的预测输出；k 为系数。

由于本节以误差和作为适应度函数 F_i，其值应越小越好，因此，需对 F_i 求倒数代入式（5.15）中的 f_i：

$$f_i = \frac{k}{F_i} \quad (5.18)$$

因此，个体 i 被选中的概率 p_i 为

$$p_i = \frac{1}{F_i \sum_{i=1}^n \dfrac{1}{F_i}} \quad (5.19)$$

其中，k 为归一化系数，化简后被约除。

3）交叉操作

本节中个体采用的是实数编码，故交叉操作采用实数交叉法，第 i 个个体 A_i 和第 j 个个体 A_j 在第 k 位进行交叉操作，设 a_{ik} 和 a_{jk} 分别为 A_i 和 A_j 第 k 位的元素，则交叉操作如式（5.20）所示：

$$\begin{cases} a_{ik} = a_{ik}(1-b) + a_{jk}b \\ a_{jk} = a_{jk}(1-b) + a_{ik}b \end{cases} \quad (5.20)$$

其中，b 是[0, 1]的随机数。

4）变异操作

选取第 i 个个体 A_i 的第 j 个基因 a_{ij} 进行变异，操作如式（5.21）所示：

$$a_{ij} = \begin{cases} a_{ij} + (a_{ij} - a_{\max}) f(g), & r > 0.5 \\ a_{ij} + (a_{\min} - a_{ij}) f(g), & r \leqslant 0.5 \end{cases} \quad (5.21)$$

其中，$f(g) = r'(1 - g / G_{\max})^2$，$G_{\max}$ 为最大进化次数；$a_{\max}$ 为基因 a_{ij} 的上界；$a_{\min}$ 为基因 a_{ij} 的下界；g 为当前迭代次数；r 和 r' 为[0, 1]的随机数。

5.2.3　GA-BP 神经网络训练及结果分析

本节以误差和作为适应度函数，因此适应度值应越小越好，图 5.13 展示了 GA 优化过程中最优个体适应度值的变化曲线。从图 5.13 中可以看出，随着迭代次数的增加，适应度值逐渐减小，最后在第 36 次迭代之后趋于稳定值 32.3。

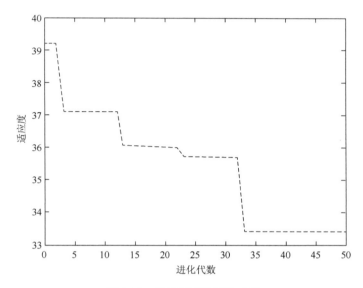

图 5.13　适应度函数变化曲线

优化后的权值阈值如表 5.4 所示。

表 5.4　GA 优化后的神经网络权值阈值

		1.092	−2.925	−2.288	2.685	−2.872	−0.860	1.264	2.128
		0.728	−1.061	1.849	1.305	0.078	2.538	−2.126	−2.707
输入层	权值	−2.011	−0.824	0.048	−2.294	−2.921	−0.515	−0.249	−0.336
		1.014	0.541	−0.307	−0.124	0.675	0.102	−0.667	0.543
		2.086	1.641	−0.175	2.827	1.818	−2.207	2.432	−1.715
		1.297	−0.402	−1.564	−0.224	−1.833	−1.030	−1.931	0.366
	阈值	1.903	0.715	−0.152	1.935	−2.458	−1.992	−1.974	2.998
输出层	权值	−2.615	0.216	1.334	−0.381	2.401	1.286	2.606	1.830
	阈值				−2.998				

将优化后的权值阈值赋予 BP 神经网络，用实验所得的数据进行训练后，采用此网络进行预测测试。采用线性拟合方法对测试数据进行分析，当拟合得到的曲线斜率越接近于 1，则说明测试误差越小，GA-BP 神经网络的预测精度越高。图 5.14 是以实际输出为横坐标，预测输出为纵坐标线性拟合而得，可以看出拟合的线性函数的斜率为 0.95，这说明预测误差较小，在合理范围之内。另外，从图中可以看出，预测数据点都在拟合曲线附近很小的范围内浮动，没有与拟合曲线偏离较大的数据点。以上结果都证明了 GA-BP 神经网络在预测上的表现良好，精度较高。

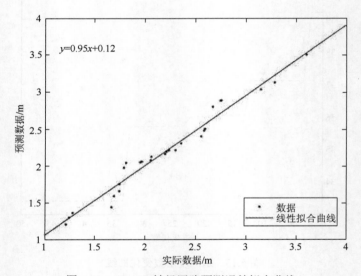

图 5.14　GA-BP 神经网路预测误差拟合曲线

此外，本节对最大及最小识读距离进行了预测与实验验证，如表 5.5 所示，表中符号所代表的意义与 5.1 节一样。

表 5.5　最大及最小识读距离预测（GA-BP）

		x_1/mm	y_1/mm	x_2/mm	y_2/mm	x_3/mm	y_3/mm	d_r/m	d_p/m	E
识读距离（1）	最大值	81.58	11.11	0.20	71.99	56.82	62.04	3.38	3.42	1.2%
	最小值	97.14	141.29	115.72	32.07	39.31	38.27	1.25	1.20	4.0%
识读距离（2）	最大值	144.73	63.17	88.90	18.08	1.244	87.76	3.35	3.37	0.6%
	最小值	135.70	3.88	140.65	122.43	74.31	48.63	1.27	1.17	7.8%
识读距离（3）	最大值	6.95	112.37	9.78	33.33	77.25	11.20	3.36	3.60	7.1%
	最小值	138.55	139.42	109.01	7.95	122.50	63.06	1.24	1.26	1.6%

从表 5.5 中可以看出，GA-BP 神经网络的预测误差大部分在 5%以内，再次说明了 GA-BP 神经网络在预测上有不俗的表现。但在某些点的预测上，误差超过了 5%，接近于 10%。这表明 GA 对于 BP 神经网络的优化具有局限性，它只能有限地提高 BP 神经网络的预测精度，而并不能使其实现质的飞跃。因此，GA-BP 神经网络有待进一步的研究和改进。

5.3　基于 PSO 神经网络的 RFID 多标签分布优化

5.3.1　PSO 神经网络的基本概念

随着优化实际应用问题的过程中诸如多极值、非线性及建模不易等难点的出现，传统优化方法的适用性越来越小，群体智能（swarm intelligence，SI）便应运而生[103]。SI 具有自适应性、可扩充性及强鲁棒性等优点，在面对传统优化方法难以解决的问题时拥有良好的表现[104]。粒子群（PSO）算法作为 SI 最主要的表现模式之一，在实际应用中应用广泛。PSO 神经网络便是应用之一，它是基于 PSO 算法的用于多目标优化问题求解的一种神经网络模型。

PSO 算法是利用个体（也称为粒子）在解空间中运动以寻找最优解的过程[105]。算法中的每个粒子都代表了所求解问题的一个可能解，在运动过程中，每个粒子都受到自身及邻域内其他粒子的影响，称为个体经验影响及群体经验影响。每个粒子由三个参数进行描述，分别为速度、位置及适应度。速度决定粒子的移动方向和距离，并随着其他粒子的影响进行调整。适应度的好坏代表着粒子所在位置的优劣，适应度越好，粒子所在位置越接近最优。当适应度达到最佳时，粒子运动到最优位置，这代表着所需解决的问题得到了最优解。

在面对多目标优化问题时，种群的多样性是影响 PSO 算法性能的一个关键因素。种群的多样性实质上是每个个体之间的差异性，个体之间的差异性越大，即种群多样性越高，则 PSO 算法陷入过早收敛的可能性越小，但同时会导致算法收敛速度减慢。然而，如同 GA 一样，PSO 算法的种群多样性不是越高越好。低种群多样性能提高算法的解的精度[106]。因此，在实际应用过程中，应当根据需要合理调整 PSO 算法的种群多样性。

种群多样性在算法上是用粒子与种群几何中心之间的距离来表示的[107]，将种群几何中心 $X'(t)$ 定义为

$$X'(t) = \frac{1}{MN} \sum_{j=1}^{M} \sum_{i=1}^{N} X_{ij}(t) \tag{5.22}$$

其中，$X(t)$ 为 t 时刻粒子的位置；M 为解空间的维度；N 为种群规模。

种群多样性可用式（5.23）表示：

$$I(X(t)) = \frac{1}{MN} \sum_{j=1}^{M} \sum_{i=1}^{N} [X_{ij}(t) - X'(t)]^2 \tag{5.23}$$

影响种群多样性的因素主要有两个：惯性权重 w 和加速系数 c_1、c_2。根据申元霞等的研究，w、c_1 和 c_2 皆存在一个阈值 w'、c_1' 和 c_2'，阈值的大小完全取决于粒子参数及个体和群体的极值[108]。当 w、c_1 和 c_2 大于其对应阈值时，种群多样性随着这三个系数的增大而增高，当 w、c_1 和 c_2 小于其对应阈值时，种群多样性随着这三个系数的增大而降低。

5.3.2　PSO 算法

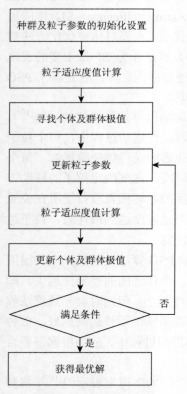

图 5.15　PSO 算法流程图

PSO 算法的流程较为简单，如图 5.15 所示。首先设定种群规模并初始化粒子参数，随后计算粒子的适应度值。根据当前粒子及其邻域内粒子的适应度寻找个体及群体极值，随后对粒子参数和个体及群体极值进行更新。如此循环往复，直至满足条件。

算法具体如下。

对于适应度函数的选择，为方便后面研究将 PSO 神经网络与 GA-BP 神经网络作对比分析，仍然选用误差和作为适应度函数。

$$F = k \left[\sum_{1}^{n} \mathrm{abs}(y_i - o_i) \right] \tag{5.24}$$

其中，n 为输出节点数；y_i 为第 i 个节点的期望输出；o_i 为第 i 个节点的预测输出；k 为系数。

由于适应度函数为误差和，其值应越小越好，因此，问题转化为求解最小值。假设求解问题的解空间维度是 M，则粒子在 t 时刻的速度及位置可用以下向量表示：

$$V(t) = (V_1(t), V_2(t), \cdots, V_M(t)) \tag{5.25}$$
$$X(t) = (X_1(t), X_2(t), \cdots, X_M(t)) \tag{5.26}$$

粒子本身的最优位置（即个体最优位置）表示为

$$P(t) = (P_1(t), P_2(t), \cdots, P_M(t)) \tag{5.27}$$

种群最优位置表示为

$$G(t) = (G_1(t), G_2(t), \cdots, G_M(t)) \qquad (5.28)$$

粒子在解空间中不断运动以寻找最优解，其自身参数随着时刻（迭代次数）的推移不断更新，更新公式如下[109]：

$$V_m(t+1) = wV_m(t) + c_1 r(t)(P_m(t) - X_m(t)) + c_2 r'(t)(G_d(t) - X_m(t)) \qquad (5.29)$$

$$X_m(t+1) = X_m(t) + V_m(t+1) \qquad (5.30)$$

其中，r 和 r' 为[0, 1]上均匀分布的随机数。考虑到惯性权重 w 和加速 c_1、c_2 对种群多样性的影响，将采用带线性惯性权重及时变加速系数[110]。这能使算法在迭代过程中进行自我调整，有利于提高算法的整体性能。其对应公式如下：

$$w(t) = w_e + (w_i - w_e)(t_{\max} - t) / t_{\max} \qquad (5.31)$$

$$c_1(t) = c_{11} + (c_{12} - c_{11})t / t_{\max} \qquad (5.32)$$

$$c_2(t) = c_{21} + (c_{22} - c_{21})t / t_{\max} \qquad (5.33)$$

其中，w_i 和 w_e 分别为惯性权重的初始值和最终值；c_{11}、c_{12}、c_{21} 和 c_{22} 为固定值；$t_{\max}$ 为最大迭代数。

因此，式（5.29）变为

$$V_m(t+1) = w(t)V_m(t) + c_1(t)r(t)(P_m(t) - X_m(t)) + c_2(t)r'(t)(G_m(t) - X_m(t)) \qquad (5.34)$$

当粒子的位置参数更新后，需要计算新位置的适应度值并更新个体最优位置，公式如下：

$$P(t+1) = \begin{cases} X(t+1), & F(X(t+1)) < F(P(t)) \\ P(t), & F(X(t+1)) \geqslant F(P(t)) \end{cases} \qquad (5.35)$$

之后，还需更新种群最优位置：

$$G(t+1) = \begin{cases} P_k(t+1), & F(P_k(t+1)) < F(G(t)) \\ G(t), & F(P_k(t+1)) \geqslant F(G(t)) \end{cases} \qquad (5.36)$$

其中，F 为适应度函数；$k = \arg \min_{1 \leqslant i \leqslant N} \{f(P_i(t))\}$，代表适应度最优的粒子。

当迭代次数达到最大时，种群最优位置 G_k 即为最优解。

5.3.3　PSO 神经网络训练及结果分析

本节以误差和作为适应度函数，因此适应度值应越小越好，图 5.16 展示了 PSO 算法寻优过程中最优个体适应度值的变化曲线。从图 5.16 中可以看出，随着迭代次数的增加，适应度值逐渐减小，最后在第 40 次迭代之后趋于稳定值 31。

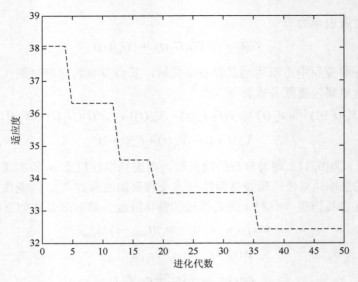

图 5.16　PSO 神经网络适应度变化曲线

同样，采用线性拟合方法对 PSO 神经网络的预测数据进行分析，拟合曲线如图 5.17 所示。从图 5.17 中可以看出，预测数据点都集中在拟合曲线附近很小的范围内，没有偏离较大的数据点。另外，拟合的线性函数曲线的斜率为 0.96，表明预测误差小，在合理范围之内。以上结果证明了 PSO 神经网络在预测上的表现良好，精度较高。

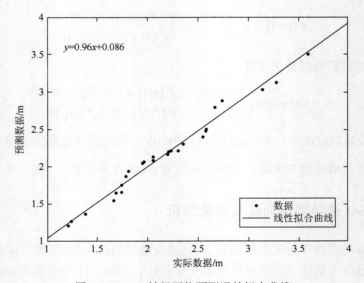

图 5.17　PSO 神经网络预测误差拟合曲线

对 PSO 神经网络多次预测的数据进行分析,找到了与最大及最小识读距离对应的标签坐标,并进行了相关的实验验证。将标签贴于相应位置,通过 5.1 节所述的多标签检测系统进行识读距离的测试。测试结果较为理想,从中随机挑选 3 组数据,如表 5.6 所示。

表 5.6　最大及最小识读距离的预测(PSO)

		x_1/mm	y_1/mm	x_2/mm	y_2/mm	x_3/mm	y_3/mm	d_r/m	d_p/m	E
识读距离 (1)	最大值	12.52	22.33	83.72	10.92	7.23	140.56	3.41	3.42	0.3%
	最小值	131.39	6.34	105.38	57.08	20.02	141.64	1.30	1.24	3.0%
识读距离 (2)	最大值	14.78	124.20	121.92	118.66	105.23	6.31	3.40	3.37	0.9%
	最小值	4.58	141.56	51.00	78.13	144.75	23.32	1.20	1.17	2.5%
识读距离 (3)	最大值	6.36	140.06	104.73	16.06	46.77	57.80	3.54	3.60	1.7%
	最小值	141.31	92.92	130.84	4.16	20.04	114.90	1.23	1.26	2.4%

从表 5.6 可以看出,PSO 神经网络在极值寻优方面表现优异。寻优所得的最优值数据与实验检测所得数据之间的误差最大不超过 3%,最小为 0.3%,在实际应用中属于合理范围之内。

5.4　三种神经网络优化方法的比较分析

前面对三种基于神经网络的多标签优化方法进行了细致的理论分析和实验验证。本节将对三种优化方法进行全方位的比较,并说明其优缺点及其在实际应用中的适用环境。

首先从算法结构开始,BP 神经网络的算法结构简洁精练,运算简单快捷;GA-BP 神经网络是在 BP 神经网络的基础上加入了 GA 的一系列操作,算法结构与 BP 神经网络相比显得更为复杂;PSO 神经网络的算法结构与 GA 较为相似,但与 GA 相比显得简洁一些。

其次从算法训练过程来看(由于 BP 神经网络的算法训练过程太过简单,此处不列入比较),GA-BP 算法自第 36 次迭代后趋于平稳值 32.3,而 PSO 算法则从第 40 次迭代之后才趋于稳定值 31。从图 5.18 中可以看出,PSO 算法的收敛速度比 GA-BP 算法略慢,但收敛效果要比 GA-BP 算法好。这可以证明 PSO 神经网络的优化效果比 GA-BP 神经网络略好。

从运算时间来看,由于 BP 神经网络结构简洁,运算所需时间极短,可以做到即时计算;由于 GA-BP 神经网络结构复杂且需要反复迭代,运算所需时间较长;而 PSO

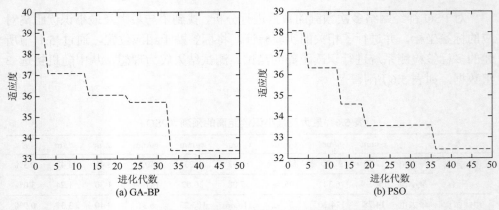

图 5.18　　GA-BP 和 PSO 神经网络训练过程比较

神经网络虽然也需要反复迭代，但结构相对 GA-BP 神经网络而言较为简单，运算所需时间短于 GA-BP 神经网络，长于 BP 神经网络。具体运算时间如表 5.7 所示。

表 5.7　　三种神经网络运算时间表

网络类别 \ 样本	1	2	3	4	5	6	7	8	平均值/min
BP	0.07	0.07	0.05	0.07	0.07	0.07	0.05	0.05	0.06
GA-BP	3.07	2.98	3.04	3.06	3.00	3.06	2.99	2.95	3.02
PSO	2.24	2.16	2.28	2.27	2.18	2.29	2.27	2.09	2.22

最后从多标签优化效果来看，BP 神经网络虽然运算快速，但预测精度较低；GA-BP 神经网络及 PSO 神经网络虽然运算耗时较长，但预测精度高。其中，PSO 神经网络的精度比 GA-BP 神经网络略高。三种神经网络预测精度比较如图 5.19 所示。

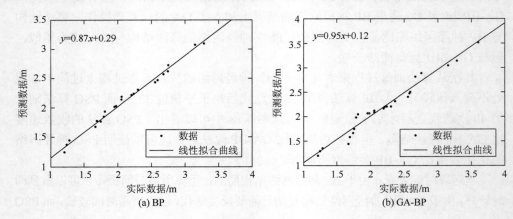

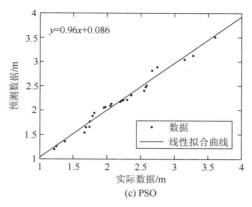

图 5.19　三种神经网络预测精度比较

综上所述,BP 神经网络具有结构简单、运算快捷等优点,但预测精度较低;GA-BP 神经网络和 PSO 神经网络结构较为复杂,运算耗时较长,但预测精度较高。因此,在实际应用中,应当根据环境要求灵活使用这三种神经网络。当精度要求较低但需要实时计算时,可采用基于 BP 神经网络的多标签优化方法;当精度要求较高且可离线计算时,可采用基于 GA-BP 神经网络及 PSO 神经网络的多标签优化方法。

5.5　本　章　小　结

本章首先介绍了基于多光电传感器的 RFID 多标签检测系统的构造和基本原理。该系统由三部分组成,分别为标签检测系统、信息采集系统和机械控制系统。机械控制系统负责物联网下货物进出闸门环境的模拟,标签检测系统负责多标签的检测与识读,而信息采集系统负责采集多标签的相对位置及识读距离。该 RFID 多标签检测系统应用广泛,可检验项目较多,包括标签的识读范围、防碰撞性能及标签位置优化等多个方面,在本章所述多标签优化方法的实验验证阶段发挥了关键作用。随后,本章提出了三种基于神经网络的多标签优化方法,并对这些优化方法进行了比较,本章采用的神经网络分别为 BP 神经网络、GA-BP 神经网络及 PSO 神经网络,这三种神经网络各有其优缺点。BP 神经网络的算法结构简洁,运算所需时间极短,但预测精度较低,GA-BP 神经网络及 PSO 神经网络的算法结构复杂,运算所需时间较长,但这两种神经网络的预测精度较高。因此,在实际应用中,这三种优化方法应当根据应用场合灵活选用。

本章针对物联网环境下多标签识读性能不佳的问题,提出了三种基于神经网络的多标签优化方法,并设计了基于多光电传感器的 RFID 多标签检测系统进行半物理实验验证,本章研究为物理防碰撞技术的应用提供了重要参考。神经网络的分析建立在数据采集的基础上,第 6 章中将采用图像处理的方式对 RFID 标签的分布进行数据采集,使得面向传感网络的物理防碰撞理论和实验体系更加全面。

第6章 基于图像处理的 RFID 多标签最优分布检测及半物理验证

在第 5 章的研究中，利用三种神经网络对 RFID 多标签进行了最优化分析，并进行了半物理实验验证。本章将利用图像处理的方法对二维和三维标签分布分别进行数据采集，并通过合理排列标签位置，进而提高 RFID 多标签系统的整体动态识别性能。首先，设计了包含图像采集系统在内的 RFID 多标签分布优化半物理验证应用系统。其次，利用图像特征提取及定位算法获得各个标签节点的位置，做出标签的三维拓扑结构图。然后，引入支持向量机（support vector machine，SVM）神经网络对各种拓扑结构下的动态性能数据进行训练，通过训练、学习和预测，找出多标签系统在不同识读距离下的最优拓扑结构。最后，对多标签最优几何分布进行模拟动态环境性能测试与半物理验证。实验结果表明，通过图像处理和 SVM 获得标签最优分布的方法可以有效提高多标签系统的动态性能，减小识读误差。与第 4 章提出的利用 Fisher 矩阵对 RFID 多标签分布进行优化的方法对比，Fisher 矩阵方法从到达角度的方面给出了理论的最优多标签分布，但各个标签之间是存在差异的，并且无法考虑到环境对识读性能的影响，因此采用 SVM 对多标签的分布进行实时的学习训练可有效地提高实际环境下 RFID 系统的性能。

6.1 支持向量机概述

SVM 不仅可以解决分类、模式识别等问题，还可以解决回归、拟合等问题，因此，其在各个领域中都得到了非常广泛的应用。

SVM 是一种机器学习算法，其目的是使统计学习中复杂性和学习能力两者的结构风险最小化。具体来说就是在对特定训练样本的学习精度和无错误地识别任意样本的能力之间寻求最优化的折中点，以便使其准确度和应用性达到最大，也就是可以更好地进行预测和推广。统计学习理论的发展可以分为四个阶段，分别是 20 世纪 60 年代出现的感知器，20 世纪 70 年代出现的基础学习理论，20 世纪 80 年代出现的神经网络以及 20 世纪 90 年代由 Vapnik 提出的 SVM 模型。其中，支持向量指的是在间隔区边缘的训练样本点，其学习型的机制具有与神经网络类似的特点，但不同点是 SVM 使用的是数学方法和优化技术。SVM 可以在较小的样本数据中进行学习，并进行分类，是机器学习领域中的一种有监督的学习方法，在回归分析、统计分类、模式识别、生物信息学、文本和手写识别、回归估计以及函数近似等方面都有广泛的应用[111]。

SVM 的特点是利用小样本数据的统计学习理论在高维特征空间中寻求最优线性分类超平面，来对数据进行分类的一种模型。对于分类问题，人们通常希望这个过程是一个机器学习的过程。在机器学习中，输入往往是一系列的训练样本集或带标签的输入值，且常以向量或矩阵的形式出现，当输入向量的属性确定后，就可以用各种分类方式来解决问题。例如，某次实验中测得的数据点是 n 维实空间中的点，研究者希望能够把这些点通过一个 $n-1$ 维的超平面分开，通常将其称为线性分类器。有很多分类器都符合这个要求，但是实际中总存在一个分类最佳的平面，即使得属于两个不同类的数据点间隔最大的那个面，该面亦称为最大间隔超平面[112]。如果能够找到这个面，那么这个分类器就称为最大间隔分类器。SVM 将向量映射到一个更高维的空间里，在这个空间里建立有一个最大间隔超平面。在分开数据的超平面的两边建有两个互相平行的超平面，建立方向合适的分隔超平面使两个与之平行的超平面间的距离最大化，其假定为，平行超平面间的距离或差距越大，分类器的总误差越小。而对于某些非线性可分的 SVM，则需要引入核函数来解决分类问题[113]。非线性可分的 SVM 的关键在于核函数。低维空间向量集通常难于划分，解决的方法是将它们映射到高维空间。但是这个办法带来的困难却是计算复杂度的增加，而核函数正好巧妙地解决了这个问题，也就是说，只要选用适当的核函数，就可以得到高维空间的分类函数。在 SVM 理论中，采用不同的核函数将导致不同的算法。

与传统的神经网络相比，SVM 具有以下几个优点。

（1）SVM 是专门针对小样本问题而提出的，可以在有限样本的情况下获得最优解。

（2）SVM 算法最终将转化为一个二次规划问题，从理论上讲，可以得到全局最优解，从而解决了传统神经网络无法避免局部最优的问题。

（3）SVM 的拓扑结构由支持向量决定，避免了传统神经网络需要反复试凑确定网络结构的问题。

（4）SVM 利用非线性变换将原始变量映射到高维特征空间，在高维特征空间中构造线性分类函数，这既保证了模型具有良好的泛化能力，又解决了"维数灾难"问题[114]。

本章将详细介绍 SVM 回归拟合的基本思想和原理，并以实例的形式阐述其在标签识读距离预测中的应用。

6.2　SVM 回归算法

6.2.1　SVM 回归算法原理

SVM 方法是建立在统计学习理论的 VC 维理论和结构风险最小原理基础上的，根据有限的样本信息在模型的复杂性（即对特定训练样本的学习精度）和学习能力（即无错误地识别任意样本的能力）之间寻求最佳折中，以求获得最好的推广能力[115]。

对于给定的样本数据集 $\{(x_i, y_i)\mid i=1,2,\cdots,k\}$（其中 x_i 为输入值，y_i 为输出值），假设其服从未知的函数 $y=f(x)$。首先考虑用函数 $g(x)=\omega x+b$，对样本数据集进行拟合，并使函数 f 和 g 之间的距离最小，即损失函数 $R(f,g)=\int L(f,g)\mathrm{d}x$ 最小[116]。根据结构风险最小化原则，g 应使得

$$J=\frac{1}{2}\|\omega\|^2+C\sum_{i=1}^{k}L(g(x_i),y_i) \tag{6.1}$$

最小，其相应的优化问题为

$$\min\left(\frac{1}{2}\|\omega\|^2+C\sum_{i=1}^{k}(\xi_i,\xi_i^*)\right)$$

$$\text{s.t.}\begin{cases}y_i-\omega x-b\leqslant\varepsilon+\xi_i\\ \omega x+b+y_i\leqslant\varepsilon+\xi_i^*\\ \xi_i,\xi_i^*\geqslant 0\end{cases} \tag{6.2}$$

其中，$\varepsilon>0$ 为拟合精度；ξ_i 为目标值之上超出 ε 部分所设；ξ_i^* 为目标之下超出部分所设；常数 $C>0$，表示函数 g 的平滑度和允许误差大于 ε 的数值之间的折中。利用 Lagrange 优化方法可将上述问题转化得到其对偶问题[117]：

$$\max\left[-\frac{1}{2}\sum_{i,j=1}^{k}(\alpha_i-\alpha_i^*)(\alpha_j-\alpha_j^*)(x_i\cdot x_j)\right.$$

$$\left.-\varepsilon\sum_{i=1}^{k}(\alpha_i+\alpha_i^*)+\sum_{i=1}^{k}y_i(\alpha_i^*-\alpha_i)\right] \tag{6.3}$$

$$\text{s.t.}\begin{cases}\sum_{i,j=1}^{k}(\alpha_i-\alpha_i^*)=0\\ \alpha_i,\alpha_i^*\in[0,C]\end{cases}$$

其中，α_i 与 α_i^* 为 Lagrange 因子。

通过核函数 $K(x_i\cdot x_j)$ 将其转换到高维空间，此时可以求解得到回归函数[118]：

$$f(x)=\omega x+b=\sum_{i,j=1}^{k}(\alpha_i^*-\alpha_i)K(x_i\cdot x_j)+b^* \tag{6.4}$$

与 SVM 分类原理类似，这里的 α_i 与 α_i^* 也将只有小部分不为 0，它们对应的样本就是支持向量。

6.2.2　SVM 的训练算法

SVM 的求解问题最终将转化为一个带约束的二次规划（quadratic programming，QP）问题，当训练样本较少时，可以利用传统的牛顿法、共轭梯度法、内点法等进行求解。然而，当训练样本数目较大时，传统算法的复杂度会急剧增加，且会占用大量的内存资源。因此，为了减小算法的复杂度，提升算法的效率，不少专家和学者提出了许多解决大规模训练样本的 SVM 训练算法，下面简要介绍几种常用的典型训练算法。

1. 分块算法

分块算法的理论依据是 SVM 的最优解只与支持向量有关，而与非支持向量无关[119]。该算法的基本步骤如下。

（1）将原始优化问题分解为一系列规模较小的子集，首先随机选择一个 QP 子集，利用其中的训练样本进行训练，剔除其中的非支持向量，保留支持向量。

（2）将提取出的支持向量加入另一个 QP 子集中，并对新的 QP 子集进行求解，同时提取出其中的支持向量。

（3）逐步求解，直至所有的 QP 子集计算完毕。

2. Osuna 算法

Osuna 算法最先是由 Osuna 等提出的，其基本思路是将训练样本划分为工作样本集 B 和非工作样本集 JV，迭代过程中保持工作样本集 B 的规模固定[120]。在求解时，先计算工作样本集 B 的 QP 问题，然后采取一些替换策略，用非工作样本集 JV 中的样本替换工作样本集 B 中的一些样本，同时保证工作样本集 B 的规模不变，并重新进行求解。如此循环，直到满足一定的终止条件。

3. 序列最小优化算法

与分块算法和 Osuna 算法相同，序列最小优化（sequential minimal optimization，SMO）算法的基本思想也是把一个大规模的 QP 问题分解为一系列小规模的 QP 子集优化问题[121]。SMO 算法可以看做 Osuna 算法的一个特例，即将工作样本集 B 的规模固定为 2，每次只求解两个训练样本的 QP 问题，其最优解可以直接采用解析方法获得，而无需采用反复迭代的数值解法，这在很大程度上提高了算法的求解速度。

4. 增量学习算法

上述三种训练算法的实现均是离线完成的，若训练样本是在线实时采集的，则需要用到增量学习（incremental learning，IL）算法[122]。IL 算法将训练样本逐个加入，训练时只对与新加入的训练样本有关的部分结果进行修改和调整，而保持其他部分的结果不变。其最大的特点是可以在线实时地对训练样本进行学习，从而获得动态的模型。

简而言之，分块算法可以减小算法占用的系统内存，然而当训练样本的规模很大时，其算法复杂度仍然较大。Osuna 算法的关键在于如何划分工作样本集与非工作样本集、如何确定工作样本集的大小、如何选择替换策略以及如何设定迭代终止条件等。SMO 算法采用解析的方法对 QP 问题进行求解，从而避免了数值解法的反复迭代过程以及由数值解法引起的误差积累问题，这大大提高了求解的速度和精度。同时，SMO 算法占用的内存资源与训练样本的规模呈线性增长，因此其占用的系统内存亦较小。IL 算法适用于在线实时训练学习。

6.2.3　SVM 解题思路及步骤

依据问题描述中的要求，实现 SVM 回归模型的建立及性能评价，大体上可以分为以下四个步骤。

1）产生训练集/测试集

与 SVM 分类中类似，为了满足 libsvm 软件包相关函数调用格式的要求，产生的训练集和测试集应进行相应的转换。训练集样本的数量及代表性要求与其他方法相同，此处不再赘述。

2）创建/训练 SVR 回归模型

利用 libsvm 软件包中的函数 svmtrain 可以实现 SVR 回归模型的创建和训练，区别是其中的相关参数设置有所不同。同时，考虑到归一化、核函数的类型、参数的取值对回归模型的性能影响较大，因此，需要在设计时综合衡量。

3）仿真测试

利用 libsvm 软件包中的函数 svmpredict 可以实现 SVR 回归模型的仿真测试，返回的第 1 个参数为对应的预测值，第 2 个参数中记录了测试集的均方误差 E 和决定系数 R^2，具体的计算公式分别如下：

$$E = \frac{1}{l}\sum_{i=1}^{l}(\hat{y}_i - y_i)^2 \tag{6.5}$$

$$R^2 = \frac{\left(l\sum_{i=1}^{l}\hat{y}_i y_i - \sum_{i=1}^{l}\hat{y}_i \sum_{i=1}^{l} y_i\right)^2}{\left[l\sum_{i=1}^{l}\hat{y}_i^2 - \left(\sum_{i=1}^{l}\hat{y}_i\right)^2\right]\left[l\sum_{i=1}^{l} y_i^2 - \left(\sum_{i=1}^{l} y_i\right)^2\right]} \tag{6.6}$$

其中，l 为测试集样本个数；$y_i(i=1, 2,\cdots, l)$ 为第 i 个样本的真实值；$\hat{y}_i(i=1,2,\cdots,l)$ 为第 i 个样本的预测值[123]。

4）性能评价

利用函数 svmpiredict 返回的均方误差 E 和决定系数 R^2，可以对所建立的 SVR 回归模型的性能进行评价。若性能没有达到要求，则可以通过修改模型参数、核函数类型等方法重新建立回归模型，直到满足要求。

6.3　半物理验证系统设计

6.3.1　旋转托盘式 RFID 检测系统结构

根据多标签图像采集的需要，本节采用了旋转托盘式 RFID 标签半物理验证系统，原理图如图 6.1 所示。该系统主要由 CCD、货物传输带、旋转托盘、天线、激光测距传感器、读写器、控制计算机和标签组成。

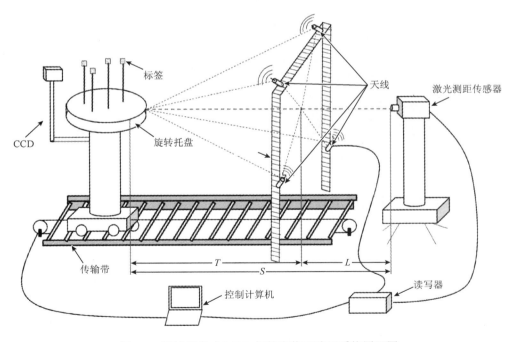

图 6.1　旋转托盘式 RFID 标签半物理验证系统原理图

旋转托盘式 RFID 标签半物理验证系统实物图如图 6.2 所示，RFID 读写器选用 Impinj 公司的 Speedway Revolution R420 超高频读写器。读写器天线选用

Larid A9028 远场天线，最大识读距离约为 15m。激光测距传感器选用 Wenglor
公司的 X1TA101MHT88 型激光测距传感器，货物表面无需安装反射板，该传感
器测量距离范围为 15m，精度为 2μm；CCD 相机镜头采用日本 Utron 公司的 200
万像素级 FV0622 工业镜头，焦距为 6.5mm；定位器采用加拿大 PIONTGREY
公司的 BFLY-PGE-13S2C-CS 空间定位传感器，A/D 转换有效率≥99.9999%，差
错率≤1%%。

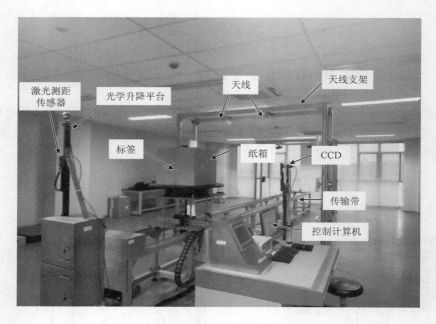

图 6.2　旋转托盘式 RFID 标签半物理验证系统实物图

6.3.2　半物理验证测试流程

整个检测系统模拟货物进出库步骤，测试流程图如图 6.3 所示，在货物表面贴
上 RFID 标签，旋转托盘并利用 CCD 对货物多个表面的标签分布进行图像采集。
在货物传输带上架设托盘，托盘上放置货物，设定托盘托举高度、货物传输带传输
速度和托盘往返次数，托盘在货物传输带上匀速传动以模拟叉车进出闸门的动作。
在闸门上安装一个 RFID 读写器和多个 RFID 天线，在正对货物传输带的一侧安装
一个激光测距传感器，激光测距传感器光束指向货物进入闸门的方向。货物传输带
连同架设托盘向闸门方向运动，贴有 RFID 标签的货物进入 RFID 天线辐射场，某
一个 RFID 天线感应到 RFID 标签反射的射频信号，与 RFID 天线连接的 RFID 读写
器串口发出跳变信号。RFID 读写器通过串口通信的方式将产生的跳变信号发送给

激光测距传感器，同时将 RFID 天线的标号也发送给激光测距传感器，启动测距程序，测量激光测距传感器到反射板的距离值。然后计算出 RFID 天线到 RFID 标签的距离值，作为 RFID 识读范围。最后，改变标签分布，重复以上步骤，测试得到多种多标签位置分布下的 RFID 识读范围。

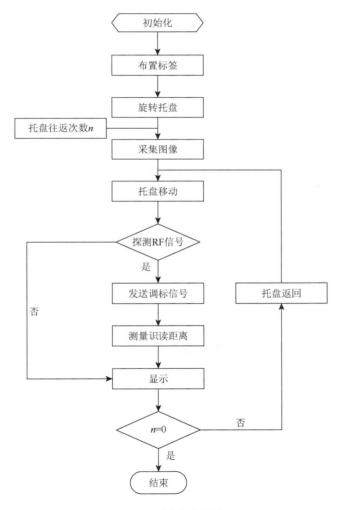

图 6.3　测试流程图

本实验检测环境如下。托盘运动速度：20m/min，天线接收灵敏度：–70dBm，温度：15℃，读写器天线发射功率：27dBm。采用间接测量的方式测量识读范围。调整光学升降平台，使激光测距传感器光束瞄准货物，定义激光测距传感器光束与闸门所在平面的交点为参考点。然后设货物表面到参考点的距离为 R，激光测距传感器到参考点的距离为固定值 L，激光测距传感器到货物表面的距离为 S，第 i 个 RFID 天线到参考点的距离为固定值 H_i，则 $R=S–L$，第 i 个 RFID 天线到 RFID 标签的距离值为 $T_i = (R_i^2 + H_i^2)^{1/2}$，即 T_i 为闸门入口环境下 RFID 识读范围。

6.4 二维分布下的标签网络模型

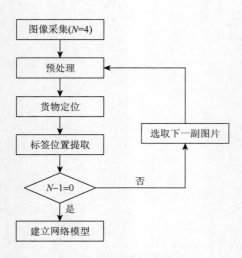

标签网络是利用图像处理技术提取出标签在货物表面的位置，并将标签作为节点进行网络模型建立，流程如图 6.4 所示，标签的数目 $N=4$。将标签随机地贴在货物表面，利用相机对标签位置进行采集，共采集 200 组图像（货物表面四个标签的图像为一组）。对一组中的第一幅图使用中值滤波消除图像中孤立噪声点，然后利用漫水算法对货物进行定位，其次对货物表面的标签进行位置提取，并重复以上的操作提取出其他面上的标签位置，最后以标签为节点建立标签网络模型。

图 6.4 网络模型建立流程

6.4.1 标签图像处理中的形态学操作

数学形态学的数学基础是集合论，因此数学形态学有完备的数学基础，这为数学形态学用于图像分析和处理奠定了坚实的基础。数学形态学运算由一组形态学的代数运算子组成。其基本思想是用具有一定形态的结构元素找到图像中的对应形状以达到图像分割识别的目的，基本的操作有膨胀、腐蚀、开启和关闭。基干这些基本操作可以推导出数学形态学的很多实用算法，从而进行进一步的图像处理。将数学形态学应用于图像处理可以简化图像数据，保持它们的基本形状[124]。

1. 二值图像

每个像素只有黑、白两种颜色的图像称为二值图像。在二值图像中，像素只有 0 和 1 两种取值，一般用 0 表示黑色，用 1 表示白色。

2. 灰度图像

在二值图像中进一步加入许多黑色和白色之间的颜色深度，就构成了灰度图像。这类图像通常显示为从最暗黑色到最亮白色的灰度，每种灰度（颜色深度）称为一个灰度级，用 L 表示。在灰度图像中，像素可以取 $0\sim(L-1)$ 之间的整数值，根据保存灰度数值所使用的数据类型不同，可能有 256 种取值或者 $2k$ 中取值，当 $k=1$ 时即退化为二值图像。

3. 膨胀和腐蚀

膨胀是使图像中的目标"生长"或"变粗"的操作，这种特殊的方法和变粗的程度结构元的形状来控制。

A 被 B 膨胀，表示为 $A \oplus B$，作为集合操作，定义为

$$A \oplus B = \{z | (\hat{B})_z \cap A \neq \varnothing\} \tag{6.7}$$

其中，$\varnothing$ 为空集；B 为结构元。总之，A 被 B 膨胀是由所有结构元的原点位置组成的集合，这里，反射被平移后的 B 至少与 A 的一个元素重叠。$A \oplus B$ 的第一个操作数是图像，第二个操作数是结构元，结构元通常比图像小很多。

腐蚀"收缩"或"细化"二值图像中的物体。像膨胀一样，收缩的方法和程度由结构元控制。

A 被 B 腐蚀，表示为 $A \ominus B$，作为集合操作，定义为

$$A \ominus B = \{z | (B)_z \subseteq A\} \tag{6.8}$$

式（6.8）表明 A 被 B 腐蚀是包含在 A 中的 B 由 z 平移的所有点 z 的集合。因为 B 包含在 A 中的声明相当于 B 不共享 A 背景的任何元素，所以可以用下列公式来表示腐蚀的定义：

$$A \ominus B = \{z | (B)_z \cap A^c = \varnothing\} \tag{6.9}$$

其中，A 被 B 腐蚀是所有结果元的原点位置不与 A 背景重叠的 B 的部分。

4. 开操作和闭操作

在图像处理应用中，膨胀和腐蚀更多地以各种组合来应用。开操作和闭操作都是由膨胀和腐蚀复合而成，开操作是腐蚀后膨胀，闭操作是先膨胀后腐蚀。

A 被 B 形态学开操作，表示为 $A \circ B$，定义为 A 被 B 腐蚀，然后再被 B 膨胀：

$$A \circ B = (A \ominus B) \oplus B \tag{6.10}$$

与开操作等价的数学表达式为

$$A \circ B = \cup \{(B)_z | (B)_z \subseteq A\} \tag{6.11}$$

一般来说，开操作使图像的轮廓变得光滑，断开狭窄的连接和消除细毛刺。

A 被 B 形态学闭操作，表示为 $A \bullet B$，定义为 A 被 B 膨胀，然后再被 B 腐蚀：

$$A \bullet B = (A \oplus B) \ominus B \tag{6.12}$$

几何上，$A \bullet B$ 执行所有不与 A 重叠的 B 平移的补。与闭操作等价的数学表达式为

$$A \bullet B = \cup \{(B)_z | (B)_z \cap A \neq \phi\} \qquad (6.13)$$

闭操作同样使轮廓变得光滑，但与开操作不同的是，闭操作一般连接窄的断裂，填满比结构元小的洞。

6.4.2　标签定位及标签网络建立

在采集的图像中随机选择 10 幅图像作为样本图像，提取货物的 RGB 二阶颜色矩，以均值作为样本颜色矩；在待识别图像上创建窗口，使窗口滑动遍历整个图像，求出窗口的平均颜色矩，并基于欧氏距离计算出与样本颜色矩最佳匹配的窗口，如图 6.5（a）所示；以求得的窗口中心点作为漫水算法的起始种子点，找出箱子的像素点，并利用矩形凸包标记出箱子的轮廓，如图 6.5（b）所示。

(a) (b)

(c) (d)

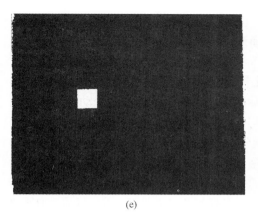

(e)   (f)

图 6.5　标签位置提取

　　漫水填充，就是自动选中了和种子点相连的区域，接着将该区域替换成指定的颜色，这是个非常有用的功能，经常用来标记或者分离图像的一部分进行处理或分析[125]。

　　形状特征是对图像中边界清晰的目标的最好表达方式。首先截取箱子部分的图像，对箱子进行二值化操作，并进行形态学闭操作，去除孔洞，以减少连通域个数；然后标记二值化图像中的连通域，求圆形度 $C=P^2/A$。其中，P 表示物体的周长，A 表示物体的面积。它能够描述物体的形状和圆的近似度。C 越大，表示目标物体的形状越复杂[126]。

　　根据圆形度判定出标签的位置，再根据标记出的标签中心和周长进行距离计算，进一步转化为标准单位下的位置信息，最后利用矩形凸包在采集到的图像中标记出标签的轮廓。处理后的图像如图 6.5（c）～（f）所示，图（c）为箱子的图像，图（d）为二值化图像，图（e）为去除噪声后的图像，图（f）为提取出的标签位置。

　　以标签位置为节点坐标建立标签节点网络，那么一组标签排布即为一种节点网络，如图 6.6 所示。其中各组标签节点网络是相互独立的，而一种节点网络中的四个节点之间有一定的限制关系。

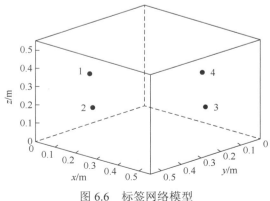

图 6.6　标签网络模型

6.4.3 基于 SVM 的最优几何分布预测

RFID 多标签系统动态性能的读取效率、识读距离、读取速度除了受算法的影响，同时会受标签几何分布的影响。实际应用中，影响多标签系统动态识读性能的因素不仅取决于测量精度与算法，也与多标签相对阅读器的几何分布有密切联系。将 SVM 引入多标签系统的动态性能分析，通过建立几何模型，推导出 RFID 多标签系统取得最优识读性能所对应的最优几何分布图形，可以为提高系统识读性能、减少碰撞发生提供参考依据。

本节对处理图像获得的标签节点位置及在各标签节点位置上获得的标签读取距离进行测试分析。对数据进行整理，将各节点位置作为输入，标签识读距离作为输出。整理后得到的数据集共有 200 组样本，同时作为训练样本和测试样本。每组样本有 6 个特征量如表 6.1 前八列所示，其中 x、y 分别代表标签的横、纵坐标位置。

表 6.1   二维分布样本数据及预测结果（完整数据见附录 A）

y_1/m	z_1/m	x_2/m	z_2/m	y_3/m	z_3/m	x_4/m	z_4/m	R_m/m	R_p/m	$\eta/\%$
0.311	0.300	0.148	0.301	0.199	0.349	0.229	0.312	2.39	2.38	0.42
0.201	0.149	0.308	0.251	0.391	0.298	0.150	0.219	1.61	1.62	0.62
0.150	0.351	0.302	0.348	0.340	0.151	0.248	0.151	2.34	2.33	0.43
⋮	⋮	⋮	⋮	⋮	⋮	⋮	⋮	⋮	⋮	⋮
0.298	0.248	0.099	0.348	0.118	0.302	0.389	0.250	1.89	1.90	0.53
0.329	0.311	0.299	0.351	0.381	0.388	0.158	0.390	2.00	1.99	0.50
0.320	0.201	0.469	0.452	0.398	0.369	0.482	0.199	2.36	2.35	0.42

对训练数据归一化，采用交叉验证的方法对支持向量机回归参数 c 和 g 寻优，如图 6.7 所示，得到最优参数 c=0.25，g=2。

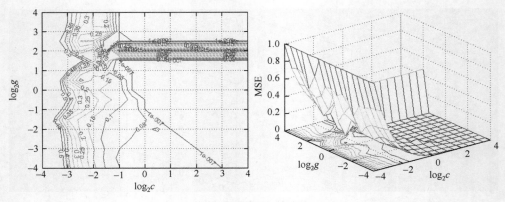

图 6.7   回归参数选择

利用最优参数 c 和 g 建立回归模型，代入测试数据，得到预测结果，再对数据进行反归一化处理，结果见表 6.1，其中 R_m 为真实测量值，R_p 为预测值，η 为预测误差：

$$\eta=\frac{\left| R_p - R_m \right|}{R_m} \tag{6.14}$$

6.4.4　最优几何分布的实验验证

通过对预测值进行分析，找出其中标签识读距离最大值点，做标签粘贴最优位置实验。结果表明，在 3.78×10^{11} 个点中存在 3.18×10^4 个最大值点（2.60m）和 2.53×10^3 个最小值点（1.45m）。选取 3 个典型位置进行实验验证，检测步骤如下。

（1）系统初始化，把 RFID 标签贴到货物上的各测试位置。

（2）每组实验设定标签往返次数为 10 次，实验数据统计取平均，以保证对识读距离测量的可靠性。

（3）测试不同位置的 RFID 标签的识读距离，可分别得到标签识读距离。

实验结果如表 6.2 所示。实验在稳定条件下对识读距离值进行多次测量，并且方差稳定，保证实验的可重复性测量。实验证明，利用 SVM 来预测标签分布下的识读距离从而判定 RFID 多标签系统最优识读性能的方法是可行的。

表 6.2　实验验证

y_1/m	z_1/m	x_2/m	z_2/m	y_3/m	z_3/m	x_4/m	z_4/m	R_m/m	R_p/m	η/%
0.440	0.210	0.308	0.358	0.351	0.161	0.221	0.320	2.40	2.36	1.67
0.422	0.248	0.278	0.191	0.359	0.199	0.251	0.302	2.40	2.35	2.08
0.222	0.390	0.148	0.442	0.508	0.092	0.499	0.059	1.61	1.60	0.62

6.5　三维分布下的标签网络模型

在实际的应用场景中，读写器同时对批量标签进行读取。为了更明确地表示标签分布与系统性能之间的关系，本节选取了更多的标签进行实验（标签数 $N=10$），测试场景如图 6.8 所示。为了能采集到所有的标签，从不同的角度拍摄标签所处位置，每隔 15° 对标签分布进行采集。

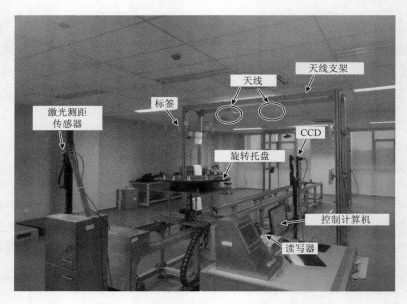

图 6.8　三维分布标签识读距离测试场景

6.5.1　基于模式识别的标签识别

模板匹配是指用一个较小的图像，即模板与源图像进行比较，以确定在源图像中是否存在与该模板相同或相似的区域，若该区域存在，还可确定其位置并提取该区域。

设 $f(x,y)$ 为 $M \times N$ 的原图像，$t(x,y)$ 为 $J \times K$（$J \leqslant M$，$K \leqslant N$）的模板图像，则误差平方和测度定义为[127]

$$
\begin{aligned}
D(x,y) &= \sum_{j=0}^{J-1}\sum_{k=0}^{K-1}(f(x+j,y+k)-t(j,k))^2 \\
&= \sum_{j=0}^{J-1}\sum_{k=0}^{K-1}(f(x+j,y+k))^2 - 2\sum_{j=0}^{J-1}\sum_{k=0}^{K-1}(f(x+j,y+k)\cdot t(j,k)) \quad （6.15） \\
&\quad + \sum_{j=0}^{J-1}\sum_{k=0}^{K-1}(t(j,k))^2
\end{aligned}
$$

令

$$
\begin{aligned}
\mathrm{DS}(x,y) &= \sum_{j=0}^{J-1}\sum_{k=0}^{K-1}(f(x+j,y+k))^2 \\
\mathrm{DST}(x,y) &= 2\sum_{j=0}^{J-1}\sum_{k=0}^{K-1}(f(x+j,y+k)\cdot t(j,k)) \quad （6.16） \\
\mathrm{DT}(x,y) &= \sum_{j=0}^{J-1}\sum_{k=0}^{K-1}(t(j,k))^2
\end{aligned}
$$

其中，$DS(x,y)$ 为原图像中与模板对应区域的能量，它与像素位置 (x,y) 有关，但随像素位置 (x,y) 的变化，$DS(x,y)$ 变化缓慢；$DST(x,y)$ 为模板与原图像对应区域的互相关，它随像素位置 (x,y) 的变化而变化，当模板 $t(x,y)$ 和原图像中对应区域相匹配时取得最大值；$DT(x,y)$ 为模板的能量，它与图像像素位置 (x,y) 无关，只用计算一次即可。

若 $DS(x,y)$ 也为常数，则用 $DST(x,y)$ 便可进行图像匹配，当 $DST(x,y)$ 取最大值时，便可认为模板与图像是匹配的[128]。

设两个随机变量 A 和 B 分别表示左、右数字影像中的一个 $N\times N$ 的像素阵列，阵列 A 和 B 表示成如下形式：

$$
\begin{array}{cccccc}
a_{11} & a_{12} & \cdots & a_{1j} & \cdots & a_{1N} \\
a_{21} & a_{22} & \cdots & a_{2j} & \cdots & a_{2N} \\
\vdots & \vdots & \vdots & \vdots & & \vdots \\
a_{j1} & a_{j2} & \cdots & a_{jj} & \cdots & a_{jN} \\
\vdots & \vdots & \vdots & \vdots & & \vdots \\
a_{N1} & a_{N2} & \cdots & a_{Nj} & \cdots & a_{NN}
\end{array}
\qquad
\begin{array}{cccccc}
b_{11} & b_{12} & \cdots & b_{1j} & \cdots & b_{1N} \\
b_{21} & b_{22} & \cdots & b_{2j} & \cdots & b_{2N} \\
\vdots & \vdots & \vdots & \vdots & & \vdots \\
b_{j1} & b_{j2} & \cdots & b_{jj} & \cdots & b_{jN} \\
\vdots & \vdots & \vdots & \vdots & & \vdots \\
b_{N1} & b_{N2} & \cdots & b_{Nj} & \cdots & b_{NN}
\end{array}
$$

阵列 A 阵列 B

相关系数 ρ 是标准化协方差函数，即协方差函数除以两信号的方差，相关系数可以用式（6.17）来定义：

$$\rho = \frac{C_{AB}}{\sqrt{\sigma_A \sigma_B}} \tag{6.17}$$

其中，C_{AB} 是 A 和 B 像素灰度阵列的协方差；σ_A 和 σ_B 分别是 A 和 B 像素灰度阵列的方差，且

$$
\begin{aligned}
C_{AB} &= \frac{1}{N^2} \sum_{i=1}^{N} \sum_{i=1}^{N} (a_{ij} - \overline{a})(b_{ij} - \overline{b}) \\
&= \frac{1}{N^2} \sum_{i=1}^{N} \sum_{i=1}^{N} (a_{ij}b_{ij} - \overline{a}\,\overline{b})
\end{aligned} \tag{6.18}
$$

$$\sigma_A = \frac{1}{N^2} \sum_{i=1}^{N} \sum_{j=1}^{N} a^2_{ij} - \overline{a}^2 \tag{6.19}$$

$$\sigma_B = \frac{1}{N^2} \sum_{i=1}^{N} \sum_{j=1}^{N} b_{ij}^2 - \overline{b}^2 \tag{6.20}$$

$$\overline{a} = \frac{1}{N^2} \sum_{i=1}^{N} \sum_{j=1}^{N} a_{ij} \tag{6.21}$$

$$\overline{b} = \frac{1}{N^2} \sum_{i=1}^{N} \sum_{j=1}^{N} b_{ij}$$ （6.22）

相关系数作为相关度量时，它顾及到的是两灰度阵列中对应的像元灰度之间的差异（用线性变换表示），并对这种差异进行了线性改正。

本节采用模板匹配及平方差匹配法对标签进行识别。为了减小计算量，只计算标签活动部分的区域，计算结果如图 6.9 所示。

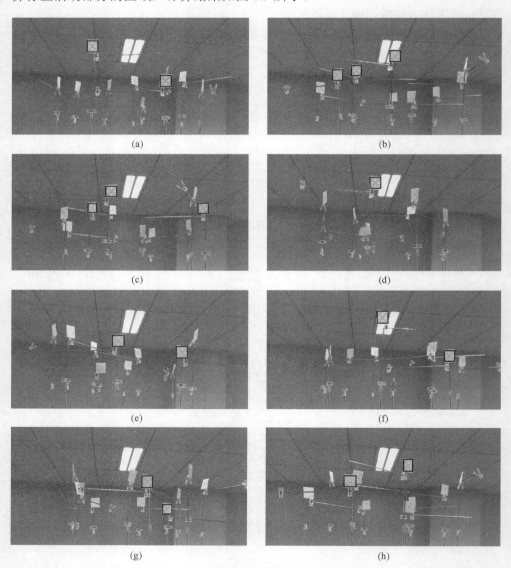

图 6.9　标签识别

6.5.2　基于 DLT 的标签定位

直接线性变换（direct linear transformation，DLT）算法是建立像点坐标和相应物点物方空间坐标之间直接线性关系的算法，特别适用于非测量相机，因此可以利用 DLT 对 CCD 采集到的标签位置进行提取。

图像中的像点数字阵列坐标（u，v）与对应物点的物方空间坐标（X，Y）有以下关系[129]：

$$\begin{cases} u + \dfrac{L_{11}X + L_{12}Y + L_{13}}{L_{31}X + L_{32}Y + 1} = 0 \\[3mm] v + \dfrac{L_{21}X + L_{22}Y + L_{23}}{L_{31}X + L_{32}Y + 1} = 0 \end{cases} \tag{6.23}$$

$$L = \begin{bmatrix} L_{11} & L_{12} & L_{13} \\ L_{21} & L_{22} & L_{23} \\ L_{31} & L_{32} & 1 \end{bmatrix} \tag{6.24}$$

其中，L 为 DLT 矩阵。

当控制点大于 4 时，式（6.22）所构成的线性矩阵方程为[130]

$$\begin{bmatrix} X_1 & Y_1 & 1 & 0 & 0 & 0 & u_1X_1 & u_1Y_1 \\ 0 & 0 & 0 & X_1 & Y_1 & 1 & v_1X_1 & v_1Y \\ \vdots & \vdots & \vdots & \vdots & \vdots & \vdots & & \vdots \\ X_n & Y & 1 & 0 & 0 & 0 & u_nX_n & u_nY_n \\ 0 & 0 & 0 & X_n & Y_n & 1 & v_nX_n & v_nY_n \end{bmatrix} \times \begin{bmatrix} L_{11} \\ L_{12} \\ L_{13} \\ L_{21} \\ L_{22} \\ L_{23} \\ L_{31} \\ L_{32} \end{bmatrix} + \begin{bmatrix} u_1 \\ v_1 \\ \vdots \\ u_n \\ v_n \end{bmatrix} = 0 \tag{6.25}$$

式（6.24）建立了空间二维平面与像平面的 DLT 关系，该方法无需确定相机内方位元素和框标，在确定 4 个或 4 个以上平面控制点坐标的情况下，根据控制点的像点坐标和所测实际空间坐标，即可进行二维 DLT 求解，得到二维 DLT 的系数矩阵 L，通过此矩阵可建立像素坐标与空间坐标之间的对应关系，进而可对标签在托盘上的位置进行重构。如图 6.10 所示，选取 4 个控制点进行标签位置的计算，4 个控制点实际空间坐标分别为（0.302，0.566）、（0.422，0.827）、（0.636，0.815）、（0.874，0.503）。

图 6.10　控制点选取

　　利用 DLT 提取出标签在托盘上的位置之后，再根据识别的标签及标签在托盘的位置进行比例计算，算出标签在托盘上方的高度。同样，对其他 9 个标签进行位置的提取，同时以标签为节点以标签位置为节点坐标建立标签节点网络，那么一组标签排布即为一种节点网络，如图 6.11 所示。

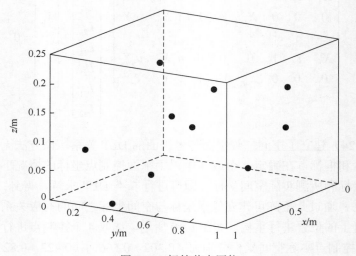

图 6.11　标签节点网络

6.5.3　最优三维标签及分布预测

本节对每种分布下的标签进行标签的识读距离测试，结果如表 6.3 所示，对数据进行整理，将各节点位置作为输入，标签识读距离作为输出。整理后得到的数据集共有 200 组样本，同时作为训练样本和测试样本。

表 6.3　三维随机分布测试样本及预测结果（完整数据见附录 B）

x_1/m	y_1/m	z_1/m	⋯	x_{10}/m	y_{10}/m	z_{10}/m	R_m/m	R_p/m	$\dot{\eta}$/%
0.815	0.278	0.216	⋯	0.957	0.592	0.235	1.23	1.22	0.81
0.906	0.547	0.189	⋯	0.485	0.759	0.191	1.65	1.67	1.21
0.127	0.957	0.117	⋯	0.800	0.655	0.170	0.96	0.95	1.04
⋮	⋮	⋮	⋮	⋮	⋮	⋮	⋮	⋮	⋮
0.913	0.962	0.165	⋯	0.142	0.135	0.065	1.25	1.25	0
0.632	0.157	0.203	⋯	0.426	0.849	0.158	1.37	1.36	0.73
0.097	0.970	0.079	⋯	0.915	0.633	0.149	0.90	0.91	1.11

对训练数据归一化，采用交叉验证的方法对 SVM 回归参数 c 和 g 寻优，如图 6.12 所示，得到最优参数 $c=0.25$，$g=2$。利用最优参数 c 和 g 建立回归模型，代入测试数据，得到预测结果，再对数据进行反归一化处理，结果见表 6.3。

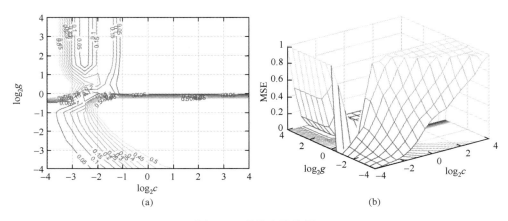

图 6.12　最优参数选择

实验结果表明，在标签数量增多的情况下，标签的识读距离明显降低，但标签分布同样对识读距离造成影响，即通过合理的分布标签可以提高系统的识读性能。

6.6　基于视觉的 RFID 多标签网络三维测量建模方法

在三维图像测量建模领域，现有方法中利用单个相机对图像进行三维测量建模，需要不断调整相机方位，从不同角度获取同一状态下的物体图像，操作复杂，实时性较差，难以适用实时性要求较高的场合。现有文献中应用单个相机对图像进行三维测量建模的比较少，而利用图像的方法对 RFID 多标签网络进行三维测量建模更是鲜有报道。为了满足现代智慧仓储物流中货物的出入库信息采集与货物盘点的需求，避免采用天线直接测量带来的电磁干扰，寻找计算复杂度低、计算量小、效率高且鲁棒性好的方法对 RFID 多标签网络进行三维测量建模就显得很有意义。

本节所设计的半物理验证平台，使用水平 CCD 和垂直 CCD，从多角度获取 RFID 标签的图像信息，降低了利用图像的方法对 RFID 标签进行三维测量建模的复杂性，提出的方法具有快速、高精度和实时获取 RFID 标签三维坐标的优点。

6.6.1　半物理验证系统搭建

双 CCD 半物理验证测试平台原理图如图 6.13 所示，实物图如图 6.14 所示。该测试平台主要由读写器、天线、标签、标签支架、控制计算机、伺服电机、垂直 CCD、水平 CCD、导轨、托盘等构成，RFID 标签支架底部贴有标记点，RFID 读写器分别与读写器天线和控制计算机相连，垂直 CCD 和水平 CCD 分别与控制计算机相连。

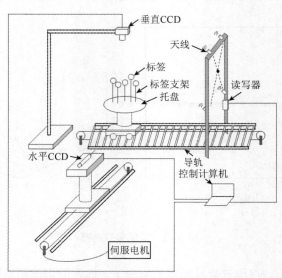

图 6.13　双 CCD 半物理验证测试平台原理图

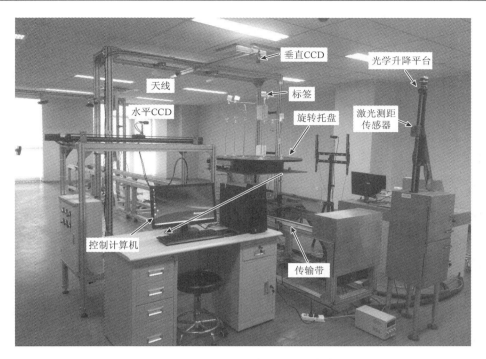

图 6.14　双 CCD 半物理验证测试平台实物图

RFID 标签采用超高频电子标签——H47，读写器采用 Impinj Speedway Revolution R420 读写器，读写器天线采用 Laird A9028 远场天线，最大射频输出功率为 30dBm。

6.6.2　Canny 边缘检测算子

Canny 边缘检测算子是在满足信噪比原则、定位精度原则和单边响应原则基础上提出的最佳边缘检测算子，其在图像去噪和边缘细节保留上取得了较好的平衡[131]。Canny 算子充分反映了最优边缘检测器的数学特性，是对信噪比与定位之乘积的最优化逼近算子。Canny 算子实现简单、处理速度快，尤其适用于实时性要求较高的物联网领域。

首先用高斯滤波器平滑图像得到平滑图像：

$$G(x,y) = f(x,y) * H(x,y) \tag{6.26}$$

$$H(x,y) = \frac{1}{2\pi\sigma^2}\exp\left(-\frac{x^2 + y^2}{2\sigma^2}\right) \tag{6.27}$$

其中，(x, y) 为图像中像素点的坐标；$*$ 表示卷积；σ 为尺度参数，决定了滤波窗口对图像的平滑程度；$f(x,y)$ 为输入图像。

然后用一阶偏导的有限差分计算像素点 (i,j) 处梯度幅值：

$$G(i,j) = \sqrt{G_x^2(i,j) + G_y^2(i,j)} \qquad (6.28)$$

梯度方向：

$$\theta(i,j) = \arctan \frac{G_x(i,j)}{G_y(i,j)} \qquad (6.29)$$

其中，$G_x(i,j)$ 为像素点 (i,j) 处平行方向的偏导数：

$$G_x(i,j) = \frac{I(i,j+1) - I(i,j) + I(i+1,j+1) - I(i+1,j)}{2} \qquad (6.30)$$

$G_y(i,j)$ 为像素点 (i,j) 处垂直方向的偏导数：

$$G_y(i,j) = \frac{I(i,j) - I(i+1,j) + I(i,j+1) - I(i+1,j+1)}{2} \qquad (6.31)$$

其中，$\arctan(\cdot)$ 表示反正切函数；(i,j) 为像素点的坐标；$I(i,j)$ 为像素灰度值。

对梯度幅值 $G(i,j)$ 进行非极大值抑制，对梯度幅值 $G(i,j)$ 的所有像素进行线性插值，在每一个像素点上，邻域的中心像素与沿梯度方向的两个相邻梯度幅值的线性插值结果进行比较，若邻域中心点的梯度幅值大于线性插值结果，该像素点为边缘点。

用双阈值算法检测和连接边缘，首先设低阈值 δ_1 和高阈值 δ_2，根据这两阈值来进行分割分别得到低阈值边缘图像 $T_1[i,j]$ 和高阈值边缘图像 $T_2[i,j]$，在 $T_2[i,j]$ 图像中把边缘连接成轮廓，当 $T_2[i,j]$ 达到轮廓端点时就在低阈值边缘图像 $T_1[i,j]$ 的相应 8 邻域位置寻找可以连接到轮廓上的边缘 $T_3(i,j)$，若 $T_3(i,j)$ 能和 $T_2[i,j]$ 连成曲线或者直线，则保留，否则舍弃，算法不断在 $T_1[i,j]$ 收集边缘 $T_3(i,j)$ 直到将 $T_2[i,j]$ 和 $T_3(i,j)$ 连接起来得到全面的边缘。

6.6.3 水平 CCD 控制

在标签识别的过程中，计算机控制水平 CCD 进行前后调整，使水平 CCD 对第 i 个 RFID 标签准确对焦测量。首先设水平 CCD 初始位置到转盘中心的距离为 L_1，控制计算机控制伺服电机带动转盘旋转，使水平 CCD 正对第 i 个 RFID 标签，计算第 i 个 RFID 标签与水平 CCD 之间的距离：

$$d_i = L_1 - r_i \qquad (6.32)$$

然后计算水平 CCD 对第 i 个 RFID 标签准确对焦需要的物方距离：

$$l_i = \frac{fl'}{l' - f} \qquad (6.33)$$

其中，l' 为水平 CCD 镜头中心到水平 CCD 内部 CCD 传感器的距离；f 为水平 CCD 焦距。

最后水平 CCD 对第 i 个 RFID 标签准确对焦需要调整的距离：

$$\Delta L_i = d_i - l_i \qquad (6.34)$$

若 $\Delta L_i > 0$，水平 CCD 沿靠近第 i 个 RFID 标签方向移动 ΔL_i，若 $\Delta L_i < 0$，水平 CCD 沿远离第 i 个 RFID 标签方向移动 ΔL_i。

6.6.4　测试流程

标签三维位置测试流程如图 6.15 所示。首先利用垂直 CCD 对转盘和 RFID 标签进行图像采集，利用 Canny 边缘检测算子对获取的图像进行边缘提取，获取转盘的边缘轮廓和 RFID 标签标记点，并对全部 k 个 RFID 标签标记点进行编号，多个 RFID 标签的俯视示意图如图 6.16 所示。

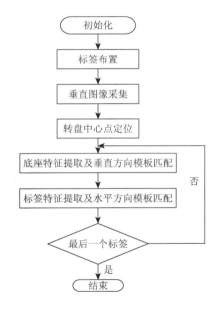

图 6.15　标签的俯视示意图

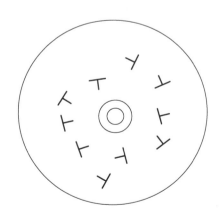

图 6.16　标签的俯视示意图

在获得的转盘边缘轮廓上任取两个不同的圆弧，分别连接圆弧的两端得到两条弦，作弦的垂直平分线，则垂直平分线的交点即为转盘的中心，测量第 i 个 RFID 标签标记点到转盘中心的距离 r_i，即为第 i 个 RFID 标签径向距离。然后调节伺服电机带动转盘旋转，得到第 i 个 RFID 标签旋转的角度 θ_i，则 θ_i 和获得的 r_i 即为第

i 个 RFID 标签标记点的水平二维坐标参量，进一步计算得到第 i 个 RFID 标签的水平二维坐标为（$r_i \cos\theta_i$，$r_i \sin\theta_i$），第 1 个 RFID 标签水平坐标测量示意图如图 6.17 所示。

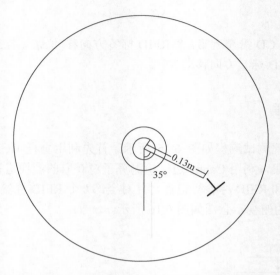

图 6.17　第 1 个 RFID 标签水平坐标测量示意图

然后控制计算机控制伺服电机带动转盘旋转,控制计算机控制水平 CCD 进行前后调整,使水平 CCD 对第 i 个 RFID 标签准确对焦,获得第 i 个 RFID 标签侧视图像,将获取的第 i 个 RFID 标签侧视图像存储于控制计算机中。

利用 Canny 边缘检测算子对获取的第 i 个 RFID 标签的侧视图像进行边缘处理,获取第 i 个 RFID 标签支架和第 i 个 RFID 标签的边缘,通过第 i 个 RFID 标签边缘和第 i 个 RFID 标签支架边缘所占有像素个数的比例关系确定第 i 个 RFID 标签到托盘的距离 $H_i = a(n_i / m_i)$,即为第 i 个 RFID 标签的垂直坐标,确定出第 i 个 RFID 标签三维坐标为（$r_i \cos\theta_i$，$r_i \sin\theta_i$，H_i）,其中 a 为标签的宽度，m_i 为第 i 个 RFID 标签宽度所占据的像素个数，n_i 为第 i 个 RFID 标签支架边缘和第 i 个 RFID 标签宽度所占有像素个数之和。最后重复以上步骤,测量所有 RFID 标签的水平二维坐标和垂直坐标,即得到所有 RFID 标签的三维坐标。

6.6.5　测试实例

以 7 个 RFID 标签为例,进行多标签网络三维坐标测量与提取,标签在转台上随机摆放,测试现场如图 6.18 所示。

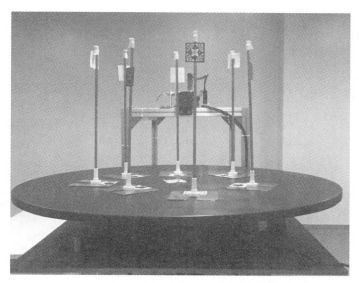

图 6.18　测试现场标签布置图

具体测试流程分为以下几个步骤。

（1）转盘中心定位。选择转盘上的三角标记为中心，利用垂直 CCD 对其进行定位，如图 6.19 所示。

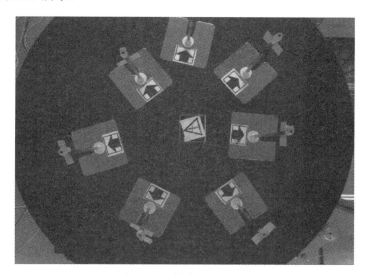

图 6.19　转盘中心定位

（2）底座特征提取及垂直方向模板匹配。首先，选择 7 个标签底座上任意一个标记点为模板，进行模板特征提取及匹配，结果如图 6.20 所示。随后，通过垂直 CCD 获取所有标签的水平二维坐标，如图 6.21 所示。

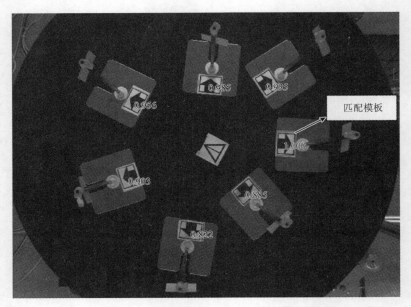

图 6.20 底座特征提取及垂直方向模板匹配

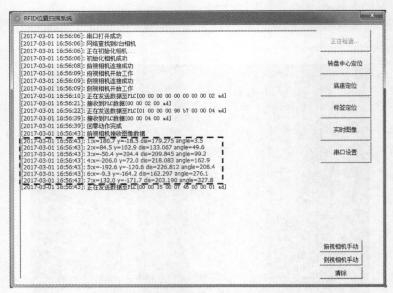

图 6.21 标签水平二维坐标

（3）标签特征提取及水平方向模板匹配。选取 7 个标签中的任意一个为模板，提取模板特征，控制计算机控制转盘旋转，同时控制计算机控制水平 CCD 进行前后移动，使水平 CCD 对每个标签进行准确对焦并清晰成像，控制水平 CCD 对每个标签进行图像采集，将采集的图像与模板进行匹配，获取各标签的垂直坐标。

进而得到各个标签的三维坐标。实验结果如图 6.22 所示。

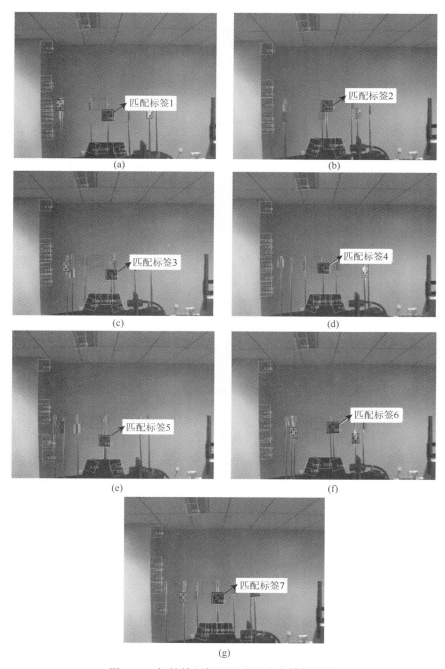

图 6.22　标签特征提取及水平方向模板匹配

　　经过匹配，得到 7 个标签的三维坐标测量结果分别为（131.9, 14.1, 297.6）、（106.9, 180.5, 353.7）、（−96.4, 195.6, 291.0）、（−222.3, 49.3, 324.5）、（−122.2, −110.8, 267.1）、（−26.9, −215.4, 338.7）、（115.5, −139.8, 301.8）。7 个标签三维坐标点的空间结构图如图 6.23 所示。

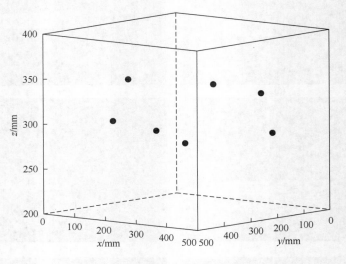

图 6.23　标签三维坐标空间结构图

6.7　本　章　小　结

　　本章研究了基于识读距离测量的 RFID 系统多标签最优的二维和三维几何分布模型。结合图像处理技术和 SVM 神经网络，研究了标签拓扑结构与动态性能之间的关系，提出了合理排列标签的三维几何位置来提高 RFID 多标签系统识读性能的新方法。利用设计的半物理验证系统，对二维、三维分布下的标签分别进行读取距离测试，并通过 SVM 神经网络对测试数据进行训练，随后预测给出对应最大识读距离的标签位置的几何分布。实验结果表明，理论与实验结果规律相符，利用图像算法采集标签数据，同时利用 SVM 神经网络进行训练预测，通过排列标签的几何分布来提高 RFID 多标签系统整体识读性能的物理防碰撞方法是可行的。本章设计的图像分析系统与其他系统相比有两大好处：一是可以避免以往采用天线直接测量无法避免的电磁干扰；二是基于图像采集的结果与后期神经网络计算的分析相结合，可以建立各种应用场景中的多标签二维/三维网络结构与动态识读性能的重要对应关系，对实际应用场景中实时调整多标签几何布局，提高整体识读性能有重要意义。本章将神经网络和图像处理技术同时应用于物联网系统的理论建模和半物理验证，为打破 RFID 多标签碰撞的技术瓶颈提供了一种重要手段。

第 4～6 章分别从 Fisher 矩阵、神经网络、图像处理理论出发，提出了以多标签几何分布和拓扑结构优化的 RFID 传感网络最优排列算法为基础，以 RFID 应用系统动态性能半物理验证为手段，增强 RFID 系统整体识读性能的物理防碰撞新方法。

第 7 章将对半物理验证技术在物联网其他领域的应用继续开展相关研究。

第 7 章　半物理验证技术在物联网其他领域的应用

前面几章重点介绍了半物理验证技术在 RFID 物联网领域应用的研究。随着技术的不断发展，半物理验证技术不仅在 RFID 物联网领域得到广泛应用，而且在其他物联网领域也得到推广，如车联网、北斗导航、结构健康监测等领域。本章将分别介绍半物理验证技术在车联网领域和二维码动态识读领域的应用。在车联网系统中，以电子车牌的动态性能半物理验证技术为主开展相关研究，而在二维码领域，本章则针对物流环境下二维条码动态图像质量检测进行相关的半物理验证研究和应用。

7.1　车联网电子车牌动态性能测试半物理验证

近年来，随着物联网的飞速发展，车联网也受到了各界的关注。所谓车联网，是指装载在车辆上的电子标签利用射频识别等技术，实现在信息网络平台上对车辆的相关信息进行提取和利用，并根据需要对车辆进行有效的监管和提供综合服务。车联网是一种特殊形式的物联网。若物联网中的对象都变成车辆和道路上的设施时，物联网就变成车联网了。由此可知，车联网的范围要比物联网的范围小[132]。

车联网与物联网相比，具有以下特征。

（1）车联网具有较高的动态特性，由于车联网中的节点大多数是车辆，而车辆是在不断运动着的，且道路选择具有多样性，这就导致了网络拓扑结构变化快。

（2）车联网中的点与点是通过无线通信进行信息交换的，所以在交换的过程中就会受到道路两边的建筑、道路的拥挤程度等许多不确定因素的干扰。

（3）汽车的不断运动、道路状况的不确定、无线网络信号的不稳定等诸多因素，导致了车联网的使用在一定程度上受到了限制。

（4）当车联网工作时，需保证有足够的能量提供，同时车辆中应有足够的空间用来安装硬件设备。

（5）车联网对网络要求较高，需要有很高的安全性和稳定性，否则会导致交通瘫痪等不良情况发生。

7.1.1　车联网的发展

美国在 "The Intelligent Transportation System Strategic Research Plan，2010—

2014"中，首次提出了车联网的构想[133]。其主要利用无线通信技术建立一个广泛的、多模式的地面交通系统，从而使得车辆、道路基础设施、便携式设备之间可以相互连接。这样的智能交通系统，不仅在最大程度上保证了交通运输的安全性、灵活性，同时对自然环境也有很大的益处。

日本的道路交通情报通信系统（vehicle information and communication system，VICS）是日本在智能交通系统（intelligent transportation system，ITS）领域的一套应用产品，该系统通过 GPS 导航设备，无线数据传输，FM 广播系统，将实时路况信息、交通诱导信息、停车场空位、交通事故等实时交通信息即时传达给交通出行者，从而使得交通更为高效便捷[134]。

欧洲正在全面应用开发远程信息处理技术，在全欧洲建立交通专用无线通信网，通过定位系统和无线通信网，向行车中的人们提供交通信息、应付紧急情况的对策、远距离车辆诊断和互联网服务[135]。

我国对车联网技术的研究起步较晚，但目前发展势头迅猛。2010 年，在中国国际物联网大会上，"车联网"的概念被提出[136]。2011 年，大唐电信科技股份有限公司与中国第一汽车集团公司携手共建了联合实验室，开发高性能、低能耗的汽车电子产品，这标志着我国的车联网行业从概念阶段正式开始走向应用阶段。与此同时，我国政府也出台了一系列政策鼓励车联网产业发展，2011 年，《物联网"十二五"发展规划》出台，明确提出物联网将在智能交通、智能物流等领域率先部署[137]；2014 年，中华人民共和国交通运输部等联合制定了《道路运输车辆动态监督管理办法》[138]；2015 年，中华人民共和国工业和信息化部首次提出《车联网发展创新行动计划（2015—2020 年）》，该计划旨在推动车联网技术研究和标准制定[139]。

电子车牌作为 RFID 技术在车联网中的主要应用，众多学者已对其进行了广泛的研究，Marais 等对电子车牌中的关键要素进行了建模，并确定了读写器的最佳安装角度[140]。Colella 等提出了一个用于超高频无源 RFID 标签性能测试的检测平台[141]。Hu 等提出一种关于电子车牌适应性的评估技术，并讨论了该技术在城市交通中的可行性[142]。同时，还有一些针对车载 RFID 系统的研究，其重点是环境可靠性测试和电磁兼容性测试。然而，对于识读距离等关键参数动态测量的报道比较少。

7.1.2　RFID 技术在车联网中的主要应用——电子车牌

电子车牌指安装在机动车前的车牌标识，相比于普通车牌，电子车牌既有车牌数字号码图案，又有电子识别功能，因此，电子车牌兼具普通车牌和电子标识两部分功能。电子识别是基于 RFID 技术的一种车辆身份自动识别，电子车牌可与设置在道路上的读写器进行双向通信，以达到车辆目标自动识别和数据交换的目的。现阶段所使用的电子车牌，包括在无锡和深圳已经开展试点推广的电子车牌，都是基于 RFID 技术工作于超高频段的无源陶基型汽车专用电子标签，如图 7.1 所示。电子车牌由晶元、微带天线和破碎记忆线等组成，晶元是用来存储车辆信息的芯片，电子车牌通过微带天线和读写器进行通信。当已粘贴在车辆上的标签被拆动时，陶瓷基片会沿着破碎记忆线自动破碎，使得整个标签无法再次利用，达到防拆动的效果。

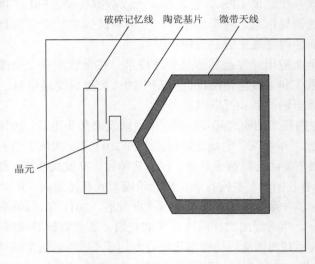

图 7.1　电子车牌结构图

安装了电子车牌的车辆进入到读写器天线的有效读取范围之后，电子车牌会主动发送信号给读写器，读写器接收到信号之后进行解调处理，得到车牌中所存储的信息，并将该信息传输到计算机系统中处理，如图 7.2 所示。

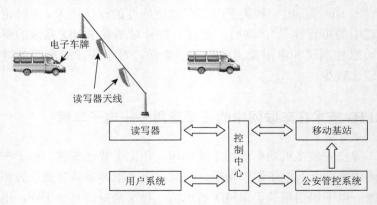

图 7.2　电子车牌识别系统基本原理

7.1.3 电子车牌动态测试步骤

电子车牌作为 RFID 技术在车联网中的重要应用之一，与设置在道路上的电子车牌高速读写设备进行通信，可以对 RFID 电子标签内的数据进行读写，实现自动识别和监控车辆的功能，真正实现数字化、智能化、精细化的交通管理，因此，应用于实际工作环境的电子车牌的动态测试尤为重要。通常情况下，电子车牌动态测试的环境如表 7.1 所示[143]。

表 7.1　电子车牌动态测试的环境

温度	20~26℃
相对湿度	40%~60%
大气压	测试现场的气压
电磁干扰	测试应在电波暗室中进行

1. 识读距离测试

将待测的电子车牌粘于车辆上，按照如下的步骤进行测试：

（1）按照测试连接示意图（图 7.3）连接测试系统；

（2）RFID 天线安装在龙门架上，装有电子车牌的车辆向龙门架驶来，如图 7.4 所示；

（3）当读写器识读到电子车牌的同时，激光测距传感器测试出车辆与龙门架之间的距离 D；

（4）测出的距离 D 即为电子车牌的识读距离。

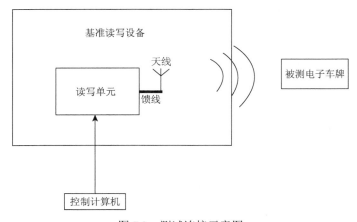

图 7.3　测试连接示意图

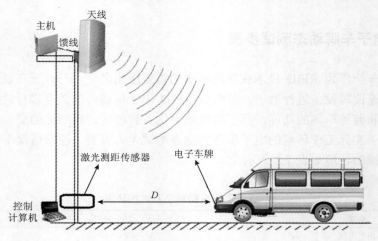

图 7.4　测试系统安装示意图

2. 车辆速度对识读性能影响测试

预先将电子车牌粘于车辆上，按如下步骤进行测试：

（1）按图 7.3 连接测试系统；

（2）将天线安装在龙门架上；

（3）设置读写器的输出功率等相关参数；

（4）车辆以不同的速度从龙门架的正前方行驶至龙门架的正下方区域通过；

（5）记录不同速度时电子车牌的识读距离，通过比较测试结果，可以分析车辆运行速度与电子车牌识读性能之间的关系。

7.1.4　电子车牌动态测试实验

1. 测试内容

在车联网的应用中，RFID 系统的测试主要包括动态测试和静态测试，如图 7.5 所示。本节的主要研究内容为：①围绕车联网环境下车辆速度、行车轨迹与 RFID 系统传输有效性与可靠性的关系、RFID 系统防碰撞动态检测等关键技术，开展 RFID 标签性能动态检测理论研究，并找到最大识读率时的车辆移动速度和行车轨迹；②研究读写器天线的角度对车载 RFID 系统识读效率、识读距离等典型动态性能的影响，并找到标签识读性能最佳时的读写器天线角度；③完成实验平台设计，实现车联网环境下 RFID 标签防碰撞性能的动态检测和半物理实验验证，且在测试平台搭建的过程中，重点关注 RFID 系统的安全性测试以及防碰撞性能测试。

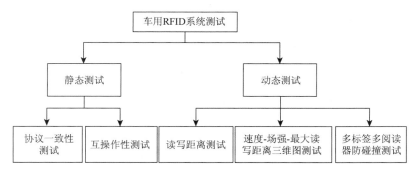

图 7.5　车用 RFID 系统测试

2. 测试方法

（1）完成实验平台设计，实现典型车联网环境下 RFID 标签性能的动态检测和半物理实验验证。RFID 产品检测的最终目标是建立自动化的模拟现场的通用检测平台，而实际现场的环境比实验室环境要更复杂，因此，要搭建模拟车联网实际使用环境的硬件检测平台，并结合理论模型完成对 RFID 系统通信可靠性的全面评估。这里提出一种将检测平台（硬件）与计算机仿真（软件）技术相结合的新型检测平台——半物理验证实验平台（图 7.6），最终实现车联网环境下 RFID 标签防碰撞性能的动态检测。

硬件：由 PLC 控制，采用伺服电机提供动力。导轨上模拟车辆最高可达到 50km/h 的运动速度，前后各为加减速区间，中间为匀速运动区间用于测试使用，并设计多种路径和弯道、坡道等复杂场景。天线支架可以调整高度及仰角，以保证 RFID 读写器的天线覆盖范围实时调整。

软件：采用 PLC 控制伺服电机，实现导轨上模拟车辆的速度、前进、后退等功能，测试软件由 C#编写，通过串口控制 PLC，进而实现对导轨上模拟小车的控制。测试软件分为三个部分：①控制部分，负责控制 PLC 中的寄存器实现对伺服电机的控制；②数据采集部分，负责记录读写器的测试结果并将结果存储于 XML 文档中；③数据处理部分，将 XML 文件中的结果数据绘制成数据曲线。

（2）将标签依次附着于车辆前端，设置车辆运动速度范围为 5～50km/h，设置读写器发射功率，记录每次通过匀速区的读取次数，多次测量取平均值避免偶发因素引起的测试误差，记录每次测试的实验数据并利用测试软件绘图分析，同时利用神经网络找到标签最大识读性能时的车辆运动速度。

（3）将标签依次附着于车辆前端，设定车辆速度为固定值，设置读写器天线的仰角为 10°～90°的任意角度，设置读写器发射功率，记录每次通过匀速区的读取次数，多次测量取平均值避免偶发因素引起的测试误差，记录每次测试的实验数据并利用测试软件绘图分析，同时利用神经网络找到标签最大识读性能时的读写器角度。

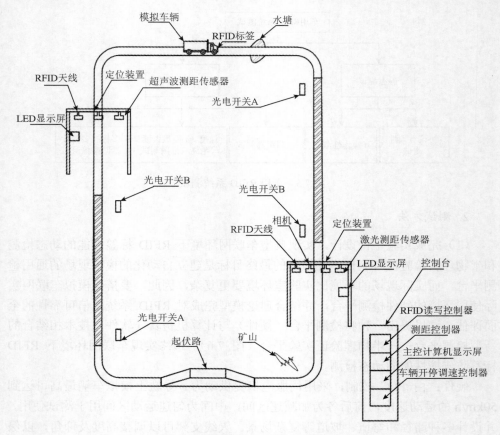

图 7.6　车联网半物理验证实验平台

（4）在以上多种场景多次实验的基础上，通过数学模型分析规律，最后得出车联网环境下 RFID 标签动态性能的变化规律，并可为不同标签开展性能检测提供服务。

3. 测试参数设置

利用测试平台对 RFID 标签（符合国家标准 GB/T 29768—2013 要求）的识读距离进行测试，测试平台由物体移动导轨、测量对象（含有 RFID 标签）、激光测距传感器、RFID 天线、RFID 读写器、主控计算机、系统控制箱、操作台组成，测试步骤如下。

（1）点击桌面上"测量系统"快捷图标，运行软件，输入用户名、密码后，按回车键进入系统，如图 7.7 所示。

（2）对天线、RFID 读写器、激光测距传感器、电机等设备进行连接。进入系统后，如图 7.7 所示界面，点击"天线连接"按钮，当"天线功率"文本框出现数据时，表示天线连接成功。点击"系统连接"按钮，当"系统断开""电机上升""电机下降""电机复位"由灰色变为黑色时，表示设备连接成功。

（3）对天线功率、标签数量、测量场景等相关参数进行设置；天线连接成功后，在"天线功率"文本框中输入数据，再点击"功率设置"按钮，在标签数量、测量场景所对应的文本框中输入数据，然后点击"参数确认"按钮，即可完成相关参数的设置。

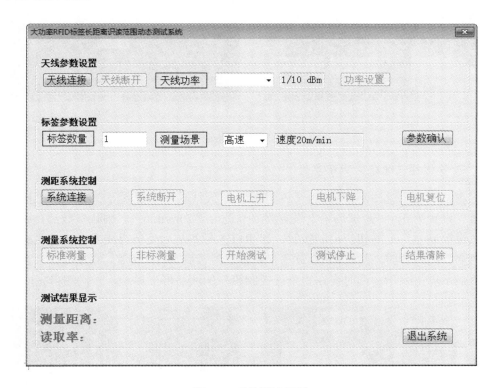

图 7.7　系统测试界面

4. 单标签识读距离测试实验

测试连接示意图，如图 7.8（a）所示。"天线功率"设置为 20dBm，"标签数量"设置为 1，"测试场景"设置为"高速""20m/min"，确认参数后，旋转"轨道控制盒"上的相应控制按钮，让 RFID 标签从远处向天线方向移动。当听到"嘀"的声音时，表示 RFID 读写控制器已经读到 RFID 标签，测量数据会在计算机显示屏上显示，同时会在"系统控制箱"的液晶屏上显示，一次测量完成。

单标签测试结果如图 7.8（b）所示，测量的距离为 3.961m，表明当 RFID 标签进入到天线发出的电磁场后，RFID 标签会接收到电磁场的能量，然后 RFID 标签会反射含有自身信息的电磁场能量，向天线传输信息，天线接收到信息，此时激光测距传感器测得的距离为 3.961m。

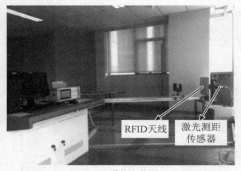
(a) 系统实物图

(b) 测试结果图

图 7.8　单标签测试实例图

5. 多标签识读距离测试实验

测试连接示意图，如图 7.9（a）所示。"天线功率"设置为 30dBm，"标签数量"设置为 5，"测试场景"设置为"高速""20m/min"，确认参数后，旋转"轨道控制盒"上的相应控制按钮，让 RFID 标签从远处向天线方向移动。当听到"嘀"的声音时，表示 RFID 读写控制器已经读到 RFID 标签，测量数据会在计算机显示屏上显示，同时会在"系统控制箱"的液晶屏上显示，一次测量完成。

(a) 系统实物图

(b) 测试结果图

图 7.9　多标签测试实例图

多标签测试结果如图 7.9（b）所示，测量的距离为 1.779m，读取率为 100%。说明 5 个标签同时读到时，标签群到天线的距离为 1.779m。该技术对多标签防碰撞性能的定量评估具有重要支撑作用。

本节针对车联网的关键传感器——电子车牌的动态检测若干关键技术进行了研究。针对在车联网环境下，对 RFID 动态性能要求越来越高的状况，提出了一种将检测平台与计算机仿真技术相结合的新型检测技术——半物理验证实验技术，以计算机仿真技术模拟现实中的环境，并通过实例对 RFID 标签的识读距离及防碰撞性能进行了测试和分析。

随着电子车牌应用市场的不断壮大，其动态测试也势必成为新的研究热点。电子车牌动态测试的最终目标是建立自动化的模拟现场通用检测平台，本节所提出的半物理验证实验技术对车载电子产品在复杂路况环境下的性能进行了模拟和评估，弥补车辆在实际路况测试中无法应对各种环境测试的难题。

7.2　物流环境下二维条码动态图像质量检测半物理验证

7.2.1　条码技术研究进展

条码技术是在计算机应用实践中形成的一种集编码、印刷、识别、数据采集和处理于一体的自动化识别技术[144]。条码技术自 20 世纪 40 年代首先在美国出现，70~80 年代开始在国际上得到广泛的应用[145]。由于条码具有识读速度快、准确性高、可靠性好等优点，条码技术已经广泛地应用在物流、仓储、交通、生产自动化管理等领域，在当前的自动识别技术中占有重要的地位[146]。除了在工业生产中的应用，目前，条码（包括一维条码和二维条码）已经深入日常生活之中，例如，图书馆利用条码进行书籍的自助管理，火车站、景点名胜等借助条码实现自动化检票，商家通过在广告单上印刷二维条码以方便顾客查询，随着智能设备的发展，超市、卖场等通过当面扫描二维条码就能完成支付。

条码可以分为一维条码和二维条码。从技术层面来看，一维条码是由一组规则排列的条（黑色竖线，bar）、空（白色基底，space）以及对应的字符组成的标记，通过将这些标记转换成计算机兼容的二进制信息来识读具体内容[147]。目前，常见的一维条码码制包括 Code39、ITF、EAN 和 UPC 等，图 7.10 详细列举了常用的一维条码。不同的一维条码在型制上类似，但依据各自不同的特点，应用于不同的地区或行业，例如，ISBN 条码用于出版行业，作为书籍的标识符；EAN 是当前最广为使用的商品条码，已经成为电子数据交换（EDI）的基础；UPC 主要在美国和加拿大地区使用；CODABAR 则多用于血库、照相馆等行业。一维条码的应用提高了信息录入的速度，减少了人为差错。但是，一维条码不可避免地受到数据容量小、只能表达字母和数字、空间利用率低、数据库依赖性强等缺点的限制。

图 7.10　目前常见的一维条码

　　由于一维条码只能在一个方向上表达信息，其数据容量相对有限。针对一维条码的弱点，从 20 世纪 80 年代开始，美国、欧洲、日本等国家和地区开始着手发展二维条码。二维条码是一维条码的扩展形式，利用横纵两个方向同时表达信息，增加了条码的信息容量。我国在 1988 年成立了中国物品编码中心，并于 1991 年 4 月 9 日正式申请加入国际物品编码协会。从 1993 年开始，中国物品编码中心启动了针对二维条码技术系统性的研究，对当时常用的 Data Matrix、PDF417、QR Code 等多种码制的技术规范进行了翻译和跟踪研究，并在全国范围内开始推广二维条码的使用。图 7.11 详细列举了目前常见的各类二维条码。

图 7.11　目前常见的二维条码

二维条码可以分为堆叠式二维条码和矩阵式二维条码。堆叠式二维条码实际上由多行高度上截短的一维条码在纵向上堆叠而成。堆叠式二维条码的编码原理建立在一维条码的基础之上，按照内容需要将一维条码堆叠成多行。它在编码设计、校验原理、识读方式等方面继承了一维条码的特点，识读与印刷设备与一维条码技术兼容，当然，由于行数增加，译码算法方面需要加入行数的判断，与一维条码有一定区别。典型的堆叠式二维条码有 Code 16K、Code 49、PDF417 等。

相对应地，矩阵式二维条码是在一个平面矩阵空间内，通过黑、白像素组成的结构单元在矩阵中的不同分布进行编码。在矩阵相对应的元素位置上，用黑色像素组成的结构单元（矩形点阵、圆形点阵等）表示二进制"1"，白色像素组成的结构单元（印刷时一般以白色基底直接表示）表示二进制"0"。黑、白像素组成的结构单元的排列组合决定了矩阵式二维条码携带的信息。矩阵式二维条码是建立在计算机数字图像处理技术、组合编码原理等技术基础上的一种新型图形符号自动识别技术。具有代表性的矩阵式二维条码包括 Data Matrix、Maxi Code、QR Code 等。

二维条码早在 20 世纪 80 年代首先由美国、欧洲、日本等国家和地区的研究人员研究开发。1989 年，美国国际资料有限公司发明了 Data Matrix 条码，目的是在较小的条码标签上存入更多的资料容量。1994 年，美国国际资料有限公司总裁 Dennis Priddy 向当时的 AIM Inc.（Association for Automatic Identification and Mobility）递交了 Data Matrix 的标准文件，使得 Data Matrix 条码成为国际化的标准码制之一。Data Matrix 作为矩形点阵式的二维条码，是现有条码中信息密度最大的一种。在可比条件下，Data Matrix 条码也是面积最小的一种，非常适合直接在产品实体或集成电路板及其零组件上进行印刷或刻印。另外，Data Matrix 采用 Reed-Solomon 算法进行纠错，条码抗污损能力强，适合对工作在高热、化学腐蚀、机械剥蚀等特殊环境下的零部件进行标记，因此在工业领域有广泛的应用。目前，美国的波音公司选择 Data Matrix 条码进行飞机的零部件识别；AMD、Intel、NVidia、Motorola 以及 TI 等半导体公司也使用 Data Matrix 条码对生产的芯片进行标记。

1991 年，美国讯宝科技有限公司将华裔博士王寅敬发明的 PDF417 作为公开的系统标准。PDF 是取英文 Portable Data File 三个单词的首字母的缩写，意为"便携数据文件"。因为组成条码的每一符号字符都由 4 个条和 4 个空构成，如果将组成条码的最窄条或空称为一个模块，则上述的 4 个条和 4 个空的总模块数一定为 17（图 7.12），所以称为 417 码或 PDF417 码。PDF417 码是典型的堆叠式二维条码，具有可变长度、可变层数、高容量和较强纠错能力等特点。目前，美国通信工业协会将 PDF417 码作为重要电信产品的标识标准。美国车辆管理局将 PDF417 码选为全美驾驶员和机动车管理使用的二维条码。欧洲汽车组织将 PDF417 码选定为电子数据交换（electronic data interchange，EDI）标准。

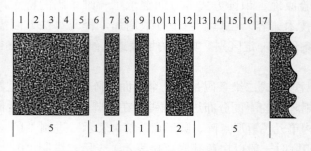

图 7.12　PDF417 码单个码字的结构

QR Code 是由日本 Denso 公司于 1994 年研制的一种矩阵式二维条码。它除了具有二维条码典型的信息量大、可靠性高、可表示图像及多种文字等优点外，其在设计之初最主要的特点包括超高速、全方位识读以及汉字表达能力强。QR Code

针对中国汉字和日本汉字使用了特定的数据压缩模式，其汉字表达能力及效率超过了其他种类二维条码。基于以上特点，QR Code 在我国使用非常广泛。目前，QR Code 广泛地运用于表示 URL 链接；我国铁路部门选择 QR Code 实现旅客的自动检票（图 7.13）。

图 7.13　火车票上的 QR Code 二维条码

1996 年，为了提供二维条码的统一标准，深化条码的应用及发展，国际标准化组织（ISO）与国际电工委员会（IEC）成立了 ISO/IEC JTC1/SC31 分技术委员会，即自动识别与数据采集技术委员会，负责二维条码码制标准的制定。

为加强我国二维条码自主知识产权，"十五"期间，由中国物品编码中心牵头组织相关单位，合作开发汉信码，如图 7.14 所示。汉信码具有高度的汉字表示能力和汉字压缩效率，能够对照片、指纹、签字、声音、文字等凡可数字化的信息进行编码。

当前，我国国家标准针对二维条码图形的质量有完善的分级评价标准[148]。标准对二维条码的质量检测主要关注静态环境下的符号反差、调制比、轴向不一致性、栅格不一致性、定位图损伤、X-印刷增量、Y-印刷增量等参数。同时，标准对检测过程中的照明

图 7.14　汉信码

光源、成像光路等有相对严格的要求，对参数的判断基于参考译码算法。

目前，有部分公司的产品可以完成标准化的二维条码印刷质量检测流程。但此类标准及仪器仅作为二维条码印刷质量单一因素的参考，且二维条码处于静态环境，不能在线、批量地完成检测，与实际使用环境相去甚远。近年来，随着智能设备以及计算机计算能力的快速发展，二维条码识读设备以及使用环境发生了较大变化，软件对图像的处理能力也随之增强，增加了二维条码图像的容错空间。

目前，国内外有研究人员针对条码在动态环境下的识读性能进行了研究。通过模拟手持设备情景下二维条码的识读，Chen 等对采集到的二维条码图像的质量提出了基于直方图统计的评价参数[149, 150]，该参数对判断二维条码的识读成功率具有参考价值，但缺少量化的单一变量。西北工业大学的曹西征等研究了不同光源对 Data Matrix 二维条码识读率的影响[151]。华中科技大学的陆生辉设计了一种用于一维条码的条形码质量在线检测系统[152]。

本节设计了一种物流环境下二维条码动态图像质量检测系统，模拟了物流传输带环境，综合了条码印刷质量、光源条件、后期算法等因素，能够为类似系统的开发提供量化的参考。为了增强系统在二维条码图像处理方面的能力，在软件方面，系统设计不拘泥于现有标准，采用了丰富的图像处理算法。

二维条码质量检验的基础参考是条码图样的反射率表现，因此，需要建立灰度与反射率之间的关系。对于给定环境条件下灰度值与光辐射通量之间的转换，文献[153]详细地给出了利用 CCD 传感器进行辐射定标的方法，文献[154]给出了灰度与光辐射之间的理论及经验公式。

标准化流程中，二维条码图像的二值化阈值选择采用中值方法，此方法极易被图像中的噪声影响，使得可以检测识读的二维条码图像在二值化后无法检测到条码。目前，Otsu 方法是成熟且目前被广泛使用的二值化方法[155, 156]，在此基础上，Yang 等和吴佳鹏等提供了适用于条码的二值化处理方法[157, 158]。

在实际的应用环境中，二维条码图像不可避免地会被各类噪声或拍摄条件影响。针对这种情况，Chu 等发展了针对二维条码模糊图像的处理算法[159]，Xu 等为在动态下拍摄到具有拖影的二维条码设计了去抖动算法[160]。

在条码自动化处理场景中，从复杂的背景环境中提取出目标条码往往是软件设计中最困难的部分。在参考译码流程中，条码的提取完全基于条码的本身结构，算法则基本基于点和线的检测，在实际应用中抗干扰能力弱。针对这一点，Ha 提出了基于相似变换的 Data Matrix 码提取方法[161]；Leong 等给出了基于关键点分类选择与线检测的二维条码提取方法，并使用 Data Matrix 条码进行了试验[162]；Belussi 等给出了以 QR Code 条码结构为基础的 QR Code 条码提取方法[163]；Joseph 等给出了一种基于卷积变换图形的波形分析方法来确定一维条码[164]。

矩阵式二维条码在设计上并不要求图形成像的方向，但对于非竖直状态成像的堆叠式二维条码图形，需要根据条码定位图形的位置检测旋转角度，并进行校正。堆叠式二维条码在设计上只能适应很小角度的倾斜，但随着计算机图像处理能力的发展，可以根据条码本身的特点建立算法，校正其角度。除了通过多个定位图形计算二维条码倾斜角度的方法，Hu 等给出了一种通过分析整体条码图像的角度计算方法[165]。

实验部分引用以上方法，除此之外，系统的软件部分也从基础出发，一方面通过组合并调整基本的图像滤波、形态学处理、仿射变换等方法[166]，设计相对实用的处理流程；另一方面也以经典的凸壳、矩形检测算法为基础，通过调整使其适用于二维条码图像[167, 168]。

本节通过硬件组合，完成物流环境下二维条码动态图像质量检测系统的搭建，并基于该平台进一步实现二维条码动态识读性能影响参数的测量，发展新的算法。研究内容对二维条码动态识读标准的探究以及对类似系统的搭建具有参考价值，系统本身也具有很强的实际使用价值。

7.2.2　二维条码检测技术基础与研究进展

7.2.1 节对目前条码的技术与应用发展进行了详细的介绍，提出了二维条码的质量检测问题。本节是在一维条码质量检测技术的基础之上，分析了二维条码质量检测的技术标准，并针对 QR 条码静态测试的方法，提出了 QR 条码动态测试的方法[169]。

采集到的 QR 条码图像可以由如下几个数值来衡量。

（1）符号反差。

符号反差（SC）是用于衡量符号中深浅两种反射状态的差异的物理量。

在符号参考灰度图像中测量检测区内的 R_{max} 和 R_{min}。符号反差为参考灰度图像中最高反射率和最低反射率之差：

$$SC = R_{max} - R_{min} \tag{7.1}$$

其中，R_{max} 与 R_{min} 分别代表最高与最低反射率。

测量符号反差可以由线阵或面阵 CCD 完成。采集到的条码图像不同部分将呈现不同的反射率。

图 7.15 给出了在标准给定的光场环境下，对二维条码进行扫描所记录的反射率随坐标变化的曲线，曲线仅表示水平横向单次扫描二维条码的反射率变化。图中，左右两端反射率连续较高的部分是二维条码的白色背景，称为空白区。在空白区之间，反射率较高的部分代表空白区或者码字的空白底，反射率较低的部分代表黑色码字内容。R_{max} 代表反射率最大值，R_{min} 代表反射率最小值，整体阈值是最大反射率与最小反射率的均值，记为 GT。

数字图像像素数值与辐射强度之间的关系为

$$L_{\lambda} = \left(\frac{LMAX_{\lambda} - LMIN_{\lambda}}{Q_{calmax} - Q_{calmin}} \right)(Q_{cal} - Q_{calmin}) + LMIN_{\lambda} \tag{7.2}$$

其中，L_{λ} 是 CCD 传感器所接收的辐射功率；λ 规定主要照明光源的波长；$LMAX_{\lambda}$ 与 $LMIN_{\lambda}$ 分别对应 CCD 系统接收辐射功率的最大与最小阈值，$LMAX_{\lambda}$ 称为最大辐

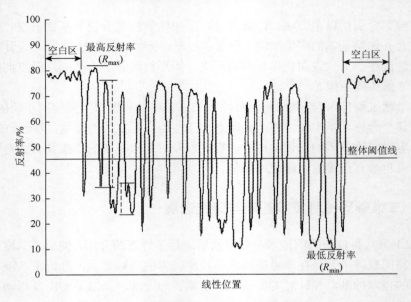

图 7.15　横向扫描反射率随位移变化曲线

射通量，$LMIN_\lambda$ 称为最小辐射通量；Q_{cal} 是标准化的 CCD 传感器接收辐射功率的像素数值输出（在本例中对应像素灰度值）；Q_{calmax} 与 Q_{calmin} 分别对应单位面积感光功率在 $LMAX_\lambda$ 与 $LMIN_\lambda$ 时的标准化数值输出，Q_{calmax} 称为最大灰度值，Q_{calmin} 称为最小灰度值。

式（7.2）中，L_λ 为待计算量，Q_{cal} 为已知量，其余各量作为系统参数，可在固定环境的辐射定标实验中测量确定。

可以设定当 CCD 系统达到 $LMAX_\lambda$ 时，该固定环境反射率为 1。因此，反射率 R 可表示为

$$R = \frac{L_\lambda}{LMAX_\lambda} \tag{7.3}$$

（2）调制比。

调制比（MOD）是反映深或浅色模块反射率一致性的量度。印刷质量、相对于网格交叉点模块位置的错误摆放、印刷基底的光学特征、印刷的不均匀度都会降低模块反射率和整体阈值的差值。如果调制比不足，会增加错误辨别深色或浅色模块的概率。

将参考译码算法处理二值化图像得到的网格放置到符号的参考灰度图像上，并将合成孔径中心放置到网格交叉处，然后测量符号每一个码字中各个模块的反射率值。

如果符号包含多个纠错块，应分别对每个纠错块进行评价，符号调制比取决于各个纠错块调制比等级的最低值。

在每一个码字或结构中选取最接近整体阈值的反射率 R，那么调制比为

$$\mathrm{MOD} = \frac{2|R-\mathrm{GT}|}{\mathrm{SC}} \tag{7.4}$$

其中，R 为在一个码字中最接近整体阈值的模块的反射率；GT 为整体阈值；SC 为符号反差。

（3）固有图形污损。

固有图形污损是用于衡量寻像图形、空白区、定位图形、引导图以及其他固有图形的污损情况是否严重影响参考译码算法对视场中探测和识读符号的指标。这种污损是由一个或多个模块由深到浅或由浅到深的反转造成的。这些需要考虑的特殊图形以及各种等级阈值对应的污损量的大小，应根据具体码制规范的规定。

固有图形污损的评价基于在参考灰度图像中这类图形（或图形中的一部分）出现的模块错误（即模块的颜色是否有反转错误）的数目。符号一般包含若干个此类明显的图形（如寻像图形、定位图形）。对每种图形的评价应分别进行，其中最差的值用于分级。

（4）轴向不一致性。

组成矩阵式二维条码符号数据区域的模块在理想的情况下位于一个正多边形的网格中。采用参考译码算法译码时应正确绘制出模块的中心位置。轴向不一致性（AN）测量和分级的对象是每个网格轴向上的相邻模块中心点的间距。模块中心点即采样点，是参考译码算法对二值化图像进行处理后得到的网格的交叉点。轴向不一致性衡量符号轴向尺寸不均匀的程度。在某些视角上，这种尺寸不均匀可能妨碍识读。

相邻取样点之间的间距按多边形每个轴向分别处理，计算沿每个轴向的平均间距 X_{AVG} 和 Y_{AVG}。轴向不一致性衡量了一个轴和另一个轴之间采样点的间隔的差异量。轴向不一致性的计算如下：

$$\mathrm{AN} = \frac{2|X_{\mathrm{AVG}} - Y_{\mathrm{AVG}}|}{X_{\mathrm{AVG}} + Y_{\mathrm{AVG}}} \tag{7.5}$$

其中，AN 为轴向不一致性；X_{AVG} 为 X 轴的平均间距；Y_{AVG} 为 Y 轴的平均间距。

（5）网格不一致性。

网格不一致性（GN）是用来衡量网格交叉位置偏离于其理想位置的最大矢量偏差。网格交叉位置可通过使用参考译码算法对给定符号的二值化图像进行处理后得出。

使用符号的参考译码算法，在符号数据区域内将所有的网格交叉位置表示出来。将这些位置和同等尺寸理想符号的理论位置进行比较。对于所有交叉位置，实际的交叉位置和理论交叉位置之间距离的最大值应以 X 尺寸（X 的值为经参考译码算法计算得到的平均模块宽度）为单位进行表示，并用于分级。

（6）未使用的纠错。

未使用的纠错（UEC）是用来衡量为纠正符号局部或点的各种错误所消耗的纠错容量。使用参考译码算法对二值化图像进行译码。未使用的纠错按照式（7.6）进行计算：

$$UEC = 1 - (e + 2t) / E_{cap} \qquad (7.6)$$

其中，e 为拒读错误数；t 为替代错误数；E_{cap} 为符号的纠错容量。如果没有使用任何纠错字符，且能够译码，则 UEC=1；如果 $e+2t$ 大于 E_{cap}，则 UEC=0。如果一个符号中有多个纠错块，应分别计算每一个纠错块中的 UEC 值，用其中的最小值来进行符号的质量评价。

（7）印刷增量。

印刷增量是用来衡量构成符号的图形相对于标称尺寸增大或减小的程度。印刷增量严重时会妨碍识读，尤其是在识读条件比测量条件更差的环境中。印刷增量标志着图形的深色浅色模块边界扩张的程度，它是符号生成过程中与识读性能有关的质量控制参数，可以在多个轴向对印刷增量分别进行测量和评价，如确定水平增量和垂直增量。印刷增量不直接用于符号的质量评价。

从二值化图像入手，识别符号在每个轴上最能代表印刷增量的图形结构。这些结构通常为固定的结构和独立的图形。根据码制规范和参考译码算法，以模块为单位，在每个轴上为每种图形结构确定其标称尺寸 D_{NOM}。

使用参考译码算法可以确定网格线。沿符号轴上每一个待测图形结构，通过在网格线上对像素进行计数，确定该图形结构两个边缘之间实际的 D 尺寸（以平均模块宽度为单位）。

在对符号的每次扫描中，应计算出每个轴向上的印刷增量，其值为所有 $D–D_{NOM}$ 值的算术平均值。如果其结果为负值，则表示印刷的实际尺寸比设计的尺寸小。

在二维条码技术大规模应用以后，工厂流水线、物流、仓储以及其他批量管理环境下的二维条码识读由以往静态、分立、少量的使用场景转变为动态、连续、大量的规模自动化使用场景。同时，由于二维条码信息容量大，被用于标记的目标也不再局限于商品货物，包括农作物、禽类、建筑等均有可能通过二维条码进行标记，随着智能设备的发展，二维条码还被用于电子票证以及电子支付等功能，二维条码的识读环境由静态转向了动态，对条码识读过程中的图像处理步骤提出了更高的要求。本节将着重介绍在动态环境下对 QR 条码进行识读以及检测的图像处理技术基础。

对于 QR、Data Matrix 条码等大多数二维条码的图像采集，需要通过面阵光电传感器对条码符号进行成像的方式进行信息采集，工作流程大致总结为：条码符号通过透镜成像在面阵光电传感器上，通过 A/D 转换或直接数字化得到数字图像，交由软件进行图像处理并译码，最终输出条码携带的信息。面阵成像式的条码采集技术不仅适用于二维条码，也能兼容一维条码，并且对使用环境的要求更宽松，是实现动态环境下二维条码识读检测的有效方式，也是本节研究所采用的技术。图 7.16 展示了生活中常见的两种条码检测仪器。

(a) 一维条码扫描枪　　　　　　(b) 二维条码扫描仪

图 7.16　条码扫描仪器

二维条码符号经过 CCD 或 CMOS 面阵转换为数字信号后，就作为图像数据存储在计算机系统中。在进行译码程序之前，条码符号图像会经过预处理，以增强图像的表现，使得译码程序顺利完成。条码图像预处理一般包括以下几个方面。

（1）灰度化。

由于译码需要二值化的条码符号图像，而对采集到的图像进行增强的算法需要灰度化的条码符号图像，因此，对于彩色 CCD 或 CMOS 采集到的条码图像，首先需要进行灰度化。灰度化方法包括分量法、最大值法、平均法以及加权平均法。各方法适用条件不同，各有优势。其中，加权平均法最符合人类视觉效果，对于 RGB 分量图像，加权平均灰度值 Gray 计算如下：

$$Gray = 0.299 \times Red + 0.587 \times Green + 0.114 \times Blue \tag{7.7}$$

（2）降噪。

在图像采集（数字化）以及传输过程中，图像传感器的工作受各种因素的影响，如环境条件以及器件自身的质量因素，会造成图像噪声。在本实验研究中，光照程度以及 CCD 传感器的温度是造成噪声的主要原因。

根据噪声和信号之间的关系，可以把噪声分为以下两种。

加性噪声：

$$f(x, y) = g(x, y) + n(x, y) \tag{7.8}$$

乘性噪声：

$$f(x, y) = g(x, y) + g(x, y)n(x, y) \qquad (7.9)$$

其中，$g(x, y)$为理想图像；$n(x, y)$为噪声信号；$f(x, y)$为包含噪声图像。此外，根据噪声分量灰度值的概率分布函数特性，噪声还可以划分为高斯噪声、瑞利噪声、伽马噪声、指数分布噪声以及椒盐噪声等。降噪的理想效果是既消除噪声又保留原始图像的细节。

（3）二值化。

每个像素只有黑、白两种颜色的图像称为二值图像，一般用 0 来表示黑色，1来表示白色。而将灰度图像转换为二值图像的过程就称为二值化。

图像二值化可以分为全局阈值与局部阈值两大类。全局阈值法包括平均值法、百分比阈值法、双峰平均值法、迭代最佳阈值法、最大类间差方法和 Otsu 法等；局部阈值法包括 Bernsen 法、最大方差法等。不同的方法各有优势，二值化的理想效果是提取目标符号而摒弃冗余图形。

由于二维条码的译码与检测过程需要二值化图像，又由于光照不均匀、环境条件、成像系统质量等外界因素影响，二值化算法对最终二值图像效果有很大的影响。以平均值法作为二值化示例：

$$Th = \frac{\sum_{g=0}^{255} g \times h(g)}{\sum_{g=0}^{255} h(g)} \qquad (7.10)$$

其中，Th 是最终计算的阈值；g 是灰度值（0~255）；$h(g)$是当前图像中灰度值为 g的像素个数。最终将图像中灰度值大于 Th 的记为 1，而小于 Th 的记为 0，完成二值化过程。平均值法进行二值化往往不能最大程度区分前景与背景，容易造成需要分割的目标区域被污染。为了说明这个问题，在光照不理想的情况下对一幅 QR 二维条码图像进行拍照（图 7.17（a）），并使用平均值法进行二值化（图 7.17（b））。

(a)   (b)

图 7.17　基于平均值法的 QR 条码二值化

从图 7.17 中可以看出，基于平均值法的二值化造成了二维条码图像的污损。针对此类问题，在 7.2.3 节将重点阐述基于 Otsu 方法的二值化算法，改善软件进行二值化的效果。

7.2.3　物流环境下二维条码光电动态检测系统设计与实现

1. 硬件设计

目前，二维条码的质量检测主要是针对条码印制质量的静态检测，在图像处理技术以及条码符号图像处理设备性能越来越强的趋势下，结合使用环境对二维条码进行动态识读性能检测更有实用价值。本节针对二维条码动态测试的需要以及物流环境的特点，设计了基于光电传感技术的物流环境下二维条码动态检测系统，并对系统的有效性进行实验验证。

光电检测技术具有精度高、反应快、非接触、性能可靠等优点，而且可测参数多，传感器的结构简单，形式灵活多样。因此，光电传感器大量存在于复印机、扫描仪、液晶显示器等产品中，在汽车和医疗行业也广泛应用，甚至用于完成军事中水下探测、航空监测核辐射检测等任务。

二维条码基于视觉识读，条码符号携带信息的获取以及质量检测完全依托光电传感器。因此，本节基于物流环境对二维在线识读与质量检测的需要，设计了一套二维条码动态识读检测光电系统。该光电系统针对二维条码图像，能够在运动环境中，动态地捕捉并识读二维条码，并具有二维条码质量检测与评估的功能。

二维条码光电检测系统的整体设计框架如图 7.18 所示，以包含二维条码目标的货品放置在移动传输带上模拟物流环境，光源配合 CCD 对运动中的二维条码进行图像采集，最终通过控制计算机完成图像处理，输出条码的检测结果。

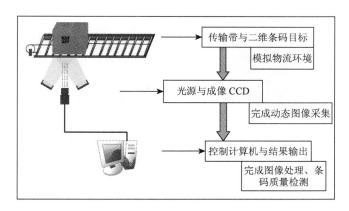

图 7.18　光电动态检测系统整体框架

光电动态检测系统中的照明结构设计如图 7.19 所示。二维条码粘附在样品表面，LED 光源出射光经条码反射后进入相机成像。

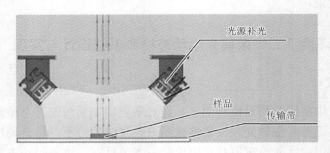

图 7.19　照明结构设计

照明的作用是照亮目标，形成有利于成像的物理效果。在实际使用环境中，良好的照明设计还有适应大多数使用环境、克服环境光影响、提升成像对比度使目标与背景的边界明显等要求。图 7.20 展示了不同的照明结构对成像效果的影响。

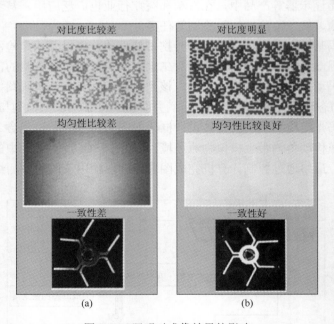

图 7.20　照明对成像效果的影响

在照明结构的设计中，发光材料的选择是基础。为了更好地选择适合光电动态检测系统的发光材料，将常见的荧光灯、卤素灯、氙灯以及 LED 光源的使用特性进行了图像化对比，如图 7.21 所示。根据图 7.21 的对比，结合光电动态检测系统实际需要的高灵敏度和设计自由度、低热效能的特性，使用 LED 作为发光材料是最佳选择。

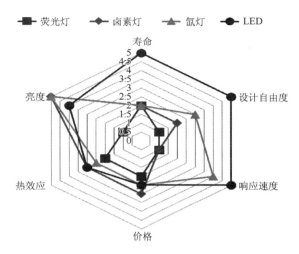

图 7.21　常见发光材料特性对比

　　LED 灯珠体积小巧，亮度均匀，适合组成阵列，形成照明组合。我们设计了 LED 条形阵列组合光源。光源制成品选择上海方千光电科技有限公司的 LED，LED 条形阵列长度共 326mm，发光光谱为模拟太阳光谱，发光强度在 100～10000lx 范围内可调，对应功率为 5～75W。对于 LED 组合光源部分，结构示意如图 7.22 所示。在光源照明方向上使用漫反射板作为透光材料，有效地提高了出射光的均匀度，而 LED 背后的导热材料则保证了光源长时间工作的稳定性。

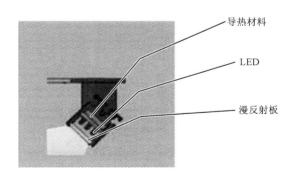

图 7.22　组合光源结构

　　图 7.23 展示了照明结构的最终加工成品。两条 LED 阵列作为独立光源分列在相机两侧，阵列平面与样品之间的夹角可调，能够适应不同环境下的照明要求，

提高了样品（二维条码）区域的亮度及对比度。

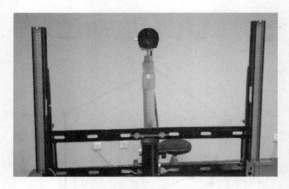

图 7.23　照明结构加工成品

大多数二维条码的识读与检测需要通过 CCD 或 CMOS 成像后再进行处理及译码操作。对于物流环境下二维条码光电动态检测系统，需要使用更高速度的 CMOS 对动态图像进行采集，并实时分析图像元素，对图像中的条码进行分割和检测。光电动态检测系统的图像采集部分如图 7.24 所示，包含镜头及 CMOS 两个部分。

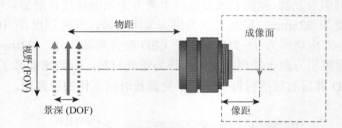

图 7.24　光电动态检测图像采集部分

镜头的参数设计将很大程度上影响系统对二维条码细节的识别能力，其中，镜头的分辨率和畸变是影响二维条码图像识读的关键因素。

镜头分辨率的考量基于瑞利判据，指的是能被镜头光学系统分辨开的两个物点（或者像点）之间的最小距离。物点经过光学系统，所成像为艾里斑，一般认为，当艾里斑的半径重合时，系统所成像就不能正确反映这两个点。这个指标反映了光学系统分辨物体细微结构的能力。

一般情况下，镜头其近轴光线与非近轴光线在通过镜片成像时，由于放大率不同，所成像相对于物体失去相似性，称为"畸变"，如图 7.25 所示。畸变的存在可能对二维条码的准确识读存在影响，可以通过事先准备的黑白方格作为拍摄目标，利用算法对成像系统的结果进行修正。

(a) 无畸变　　　　　(b) 桶形畸变　　　　　(c)枕形畸变

图 7.25　畸变

根据上述要求，设计的光电动态检测系统采用日本 Moritex ML-U3514MP9型工业镜头，定焦 35mm，F 数范围 1.4～1.8，10 级灰度动态范围，视场角度大小为 21.9°×（16.5°～27.1°），最小物距 150mm。

同时，系统采用了 230 万像素的 Sony IMX174 黑白 CMOS，像元大小为 5.86μm，像面大小为 21.16mm，最大帧率为 162fps，模拟信号传输和转换速率达到 5Gbit/s，能够存储 128MB 帧缓存。高帧率配合高 A/D 转换速率使得系统拍摄下来的图像更稳定，图像帧与帧之间的连续性更好，图像更稳定，不容易受到条码符号运动和振动的影响，提高了系统的检测效率。图 7.26 为安装好的镜头及 CMOS 传感器。

图 7.26　镜头及 CMOS 传感器

光电动态检测系统在设计时采用定焦镜头，在每次实验操作之前，都需要进行对焦操作。对焦操作即是调整镜头与 CMOS 成像面之间的距离，使光线经过镜头汇聚的像点落在 CMOS 成像面上。对于任意确定焦距的镜头，不同物距的物体反射的光线经镜头成像后，其对应的汇聚面（像平面）也不在同一距离，因此，对焦操作是保证清晰成像的最基本环节。

如图 7.27 所示，对于平行入射的光线，其经过镜头后汇聚于光轴，该点即为焦点，包含焦点而垂直于光轴的平面称为焦平面。而对于任意物点反射的平行或非平行光线成像，光线汇聚点称为像点（可能不在光轴上），对应垂直于光轴的平面称为像平面。当成像面（胶片或 CMOS）恰好重合像平面时，成像效果最清晰。实际操作中，由于成像面受到介质的物理性质限制（胶片或 CMOS），其分辨率容许像点有一定的弥散直径，从而产生焦深。在像平面前后移动成像面，像点将随着成像面与像平面之间的相对距离变化而弥散，保持弥散直径在容许范围内对应的成像面的移动距离，以像点为界分为前焦深和后焦深，两者合为焦深。

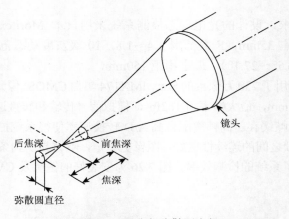

图 7.27　对焦与弥散圆直径

相对应地，对于固定的某个成像面（胶片或 CMOS 位置固定），当像点在成像面上的弥散直径保持在容许范围内时，物点也有一个对应的容许移动距离，称为景深，见图 7.28。

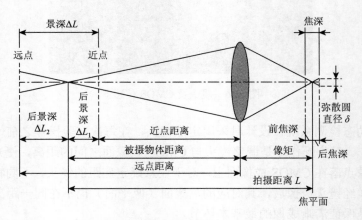

图 7.28　景深

同时，镜头的光圈也会对物点的景深产生影响，如图 7.29 所示，缩小光圈（增大 F 数）时，物点光线的入射角范围缩小，此时，在容许的像点弥散直径范围内，成像面可移动的距离增加，即焦深增加（图 7.29 为物点在无穷远处的平行入射光成像，焦深与景深对应）。

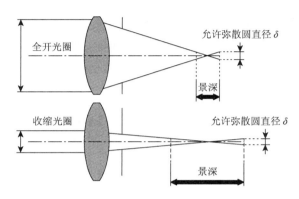

图 7.29　光圈对景深的影响

对于定焦镜头（本系统采用），影响景深的参数包括光圈（F 数）、容许的弥散圆直径以及拍摄物点的距离这三项。F 数的计算方法如式（7.11）所示，其中，f 表示镜头焦距（本例中为 35mm），D 表示系统光阑直径，F 表示 F 数。

$$F = \frac{f}{D} \tag{7.11}$$

一般情况下，35mm 定焦镜头（本系统采用）的容许弥散圆直径是底片对角线长度的千分之一，本系统采用的 CMOS 像面尺寸为 21.16mm，从而得到容许弥散圆直径为 0.002116mm。因此，本系统的景深在实际操作中受到镜头 F 数以及拍摄物点距离的影响。景深的计算由式（7.12）给出：

$$\Delta L_1 = \frac{F\delta L^2}{f^2 + F\delta L}$$

$$\Delta L_2 = \frac{F\delta L^2}{f^2 - F\delta L} \tag{7.12}$$

$$\Delta L = \Delta L_1 + \Delta L_2 = \frac{2f^2 F\delta L^2}{f^4 - (F\delta L)^2}$$

景深是相对成像面与像平面重合而言的，因此，必须对应参考像平面的位置。已知物距 L、焦距 f，记像距为 L'，三者之间关系由高斯公式确定：

$$\frac{1}{f} = \frac{1}{L} + \frac{1}{L'} \tag{7.13}$$

利用式（7.13）以及已知的系统参数，可以得到不同物距下成像面的距离以及不同 F 数下物距与景深之间的关系曲线，图 7.30 和图 7.31 分别所示为物距与像距关于 35mm 定焦镜头的对应关系以及不同 F 数情况下物距与景深之间的关系。

其中，图 7.30 可以作为在已知物距情况下对焦操作时的参考，由于肉眼不能很好地分辨小的像点弥散，对焦失误可能造成最终成像影响二维条码的检测效果。参考图 7.30 的数据以实现最好的对焦效果。图 7.31 所示的景深可以作为实验操作中可允许的误差范围，如运动中的二维条码目标的前后振动、物距的定位误差等。

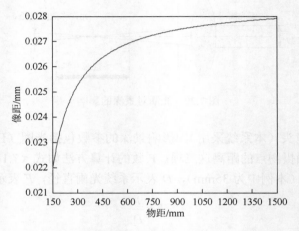

图 7.30　物距像距曲线

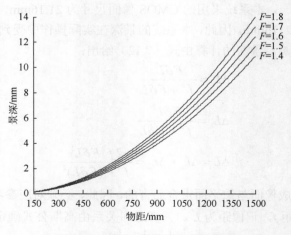

图 7.31　不同 F 数物距与景深曲线

　　为了更好地模拟物流环境下对二维条码的动态捕捉，搭建了模拟闸门环境的物流传输带半物理验证装置。图 7.32 和图 7.33 分别为闸门物流环境半物理验证系统的设计图与实物图。

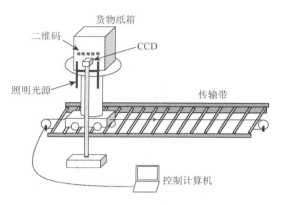

图 7.32　闸门环境半物理验证系统设计图

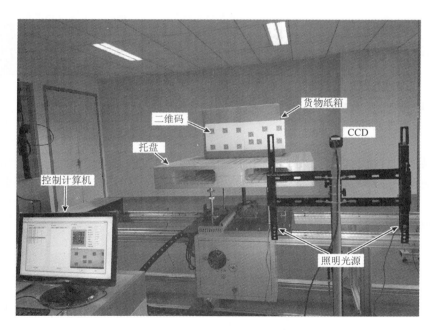

图 7.33　闸门环境半物理验证系统实物图

　　待测二维条码符号贴附在货箱表面，由传输带传输通过闸门，模拟现实的物流环境。CCD 镜头将监视整个传输过程，拍摄到的连续图像由软件进行逐帧分析，提取并检测画面中的二维条码，最后给出结果。

2. 软件设计

本节研究物流环境下二维条码动态检测系统的软件流程（图 7.34），围绕条码符号的识别、提取、降噪、几何变换以及最终的识读检测过程展开。其中最重要的是图像预处理过程，包括灰度化、降噪、对比度增强、二值化、几何变换等流程。

灰度化的方法原理已经在 7.2.2 节作了介绍，并且由式（7.7）给出了计算方法，这里不再赘述。图 7.35 展示了灰度化的效果。本节设计的光电动态检测系统由于采用灰度 CMOS，采集到的已经是灰度图像，无需灰度化步骤。

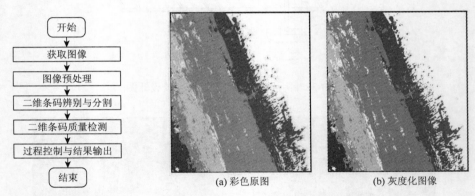

图 7.34　条码动态检测系统
　　　　　软件流程

(a) 彩色原图　　　　　　　　(b) 灰度化图像

图 7.35　灰度化过程

噪声的种类有很多，对于不同的噪声，降噪的方法也不尽相同。由于光电动态检测系统通常是长时间监视，CMOS 的工作温度上升导致光电转换过程更加不稳定，产生噪声，其中椒盐噪声最常见。

椒盐噪声的概率密度函数（PDF）可表示为

$$p(z) = \begin{cases} P_a, & z = a \\ P_b, & z = b \\ 0, & \text{其他} \end{cases} \qquad (7.14)$$

其中，z 为灰度值；p 为概率。设 $b > a$，则灰度值为 b 的点在图像中显式为亮点（盐点），灰度值为 a 的点在图像中显式为暗点（胡椒点）。若 P_a 或 P_b 为零，则椒盐噪声转为单极脉冲；若两者均不为零且数值近似，图像中的亮点和暗点噪声将类似于随机分布在图像上的胡椒和盐粉颗粒，这就是椒盐噪声名称的由来。

与图像信号的强度相比，噪声干扰的幅度通常较大，因此在一幅图像中，椒盐噪声总是数字化为最大（纯白）或最小（纯黑）值。对于一个 8 位图像，这意

味着 $a=0$，$b=255$。

图 7.36 和图 7.37 分别为 QR 条码灰度图和加入椒盐噪声的图像。从图中可以看出，椒盐噪声会严重影响灰度图片的图片质量，并且由于亮点与暗点均数字化为最大与最小值，因此二值化图像会保留这些亮暗点，从而影响 QR 条码图像的最终译码与检测流程。实际上，基于谷歌 Zxing 框架的 QR 条码在线解码工具（网址：http：//tool.oschina.net/qr）无法识别图 7.37，使用微信、支付宝等现阶段 QR 条码扫描能力最强的手机软件，也只有在一定距离上（此时由于成像距离较大，成像过程中 CMOS 元件会忽略大部分椒盐噪声的影响）才能正确识读。

图 7.36　QR 条码灰度图

图 7.37　加入椒盐噪声的图像

针对光电动态检测系统中图像常见的以椒盐噪声为主的干扰信息，我们选用了自适应中值滤波器。中值滤波器是最著名的统计排序滤波器，其工作原理是用该像素的相邻像素的灰度中值来替代该像素的值：

$$\hat{f}(x,y) = \underset{(s,t)\in S_{xy}}{\text{median}}\{g(s,t)\} \tag{7.15}$$

其中 $g(s,t)$ 表示未经滤波图像像素灰度；$\hat{f}(x,y)$ 表示滤波求值后图像灰度；S_{xy} 为定义的滑动窗口大小。中值滤波器对空间密度不大的噪声有较好的过滤效果。

自适应中值滤波器可以处理具有更大概率的椒盐噪声，并且能够在平滑非冲击噪声时保持图像细节，这是传统中值滤波器所做不到的。自适应中值滤波器将根据工作情况适时改变滑动窗口的大小。

自适应中值滤波器算法流程如下：Z_{min} 为 S_{xy} 中灰度级的最小值；Z_{max} 为 S_{xy} 中灰度级的最大值；Z_{med} 为 S_{xy} 中灰度级的中值；Z_{xy} 为在坐标 (x, y) 上的灰度级；S_{max} 为 S_{xy} 允许的最大尺寸。

自适应中值滤波器算法工作在两个层级，分别定义为 A 层和 B 层。

A 层：

$$A_1=Z_{med}-Z_{min}$$
$$A_2=Z_{med}-Z_{max}$$

如果 $A_1>0$ 且 $A_2<0$，则转到 B 层；否则增大窗口尺寸。如果窗口尺寸小于等于 S_{max}，则重复 A 层；否则输出 Z_{med}。

B 层：

$$B_1=Z_{xy}-Z_{min}$$
$$B_2=Z_{xy}-Z_{max}$$

如果 $B_1>0$ 且 $B_2<0$，则输出 Z_{xy}；否则输出 Z_{med}。

使用上述算法对图 7.37 进行自适应滤波，得到图 7.38。经过实验，滤波后图像能够被在线解码工具正常识别；使用微信或支付宝等手机 APP 在近距离也能正常识读，证明中值滤波能够很好地消除椒盐噪声对 QR 条码的识读影响。

图 7.38　自适应中值滤波结果

在以灰度表示的二维条码图像中，符号部分呈现黑色，如果与背景的对比不强烈，则在二值化过程中有很大的概率发生符号污染；另外，大部分二维条码符号是由方格模块组成的，在低对比度时会损失细节，这些因素都会最终影响二维条码符号的识读与检测。

为了在灰度图像中增强二维条码符号部分与背景部分的对比度，我们采用了同态滤波增强方法。任意图像 $f(x, y)$ 均可以从成像原理上表达为照度 $i(x, y)$ 和反射 $r(x, y)$ 两部分的乘积：

$$f(x,y) = i(x,y)r(x,y) \tag{7.16}$$

令

$$z(x,y) = \ln f(x,y) = \ln i(x,y) + \ln r(x,y) \tag{7.17}$$

进行傅里叶变换有

$$F\{z(x,y)\} = F\{\ln f(x,y)\} = F\{\ln i(x,y)\} + F\{\ln r(x,y)\} \tag{7.18}$$

记为

$$Z(u,v) = F_i(u,v) + F_r(u,v) \tag{7.19}$$

考虑滤波函数 H 作用于式（7.19）：

$$S(u,v) = H(u,v)Z(u,v) = H(u,v)F_i(u,v) + H(u,v)F_r(u,v) \tag{7.20}$$

进行傅里叶逆变换有

$$s(x,y) = F^{-1}\{S(u,v)\} = F^{-1}\{H(u,v)F_i(u,v)\} + F^{-1}\{H(u,v)F_r(u,v)\} \tag{7.21}$$

令

$$\begin{aligned}
i'(x,y) &= F^{-1}\{H(u,v)F_i(u,v)\} \\
r'(x,y) &= F^{-1}\{H(u,v)F_r(u,v)\}
\end{aligned} \tag{7.22}$$

有

$$s(x,y) = i'(x,y) + r'(x,y) \tag{7.23}$$

最后，由于 $z(x,y)$ 是由原图取对数得到的，为了输出滤波增强后的图像，需要对式（7.23）取指数：

$$g(x,y) = e^{s(x,y)} = e^{i'(x,y)}e^{r'(x,y)} = i_0(x,y)r_0(x,y) \tag{7.24}$$

其中

$$\begin{aligned}
i_0(x,y) &= e^{i'(x,y)} \\
r_0(x,y) &= e^{r'(x,y)}
\end{aligned} \tag{7.25}$$

i_0、r_0 分别代表输出图像中的照射分量和反射分量。图 7.39 总结了上述同态滤波流程。

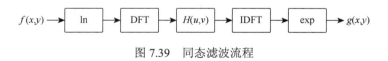

图 7.39　同态滤波流程

图像空间域的照射分量变化通常较慢，而反射分量往往存在突变，特别是在不同物体的边界部分。这些特征导致对图像进行傅里叶变换后的低频成分与照度相关，而高频部分与反射更相关。注意这种相关并不严格，但适用于图像增强。

同态滤波过程中对照射分量和反射分量的调控是通过滤波函数 H 来实现的。

图 7.40 所示为一个典型的同态滤波函数的截面图，$D(u, v)$ 是中心变换后距离原点的距离。一旦使 γ_H 大于 1 而 γ_L 小于 1 就能够起到抑制低频分量（照射分量）并增强高频分量（反射分量）的作用。

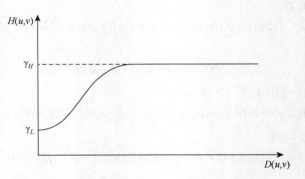

图 7.40　一个典型圆对称滤波器函数横截面

$$H(u,v) = (\gamma_H - \gamma_L)\left[1 - e^{-c(D^2(u,v)/D_0^2)}\right] + \gamma_L$$
$$D(u,v) = \left[(u - M/2)^2 + (v - N/2)^2\right]^{1/2}$$

$$(7.26)$$

参考式（7.26），我们采用了高斯型高通滤波函数的同态滤波器，以 QR 条码符号为例，对图 7.36 进行处理，得到图 7.41，对比两图可以看出，同态滤波能够很好地将 QR 条码符号部分作为高频分量提取出来，从而达到抑制可能影响符号识别的灰色背景的效果。

图 7.41　经过高斯同态滤波后的图像

二值化是影响二维条码最终识读与检测的最直接的环节，采用一般的均值化方法达不到理想的效果。

为了提高光电动态检测系统的宽容度，提高图像处理的能力，我们选择 Otsu 方法进行二值化处理。该方法具有逻辑简单、处理速度快的优点。

Otsu 方法描述如下：对于像素数为 N，灰度等级在 $[0, L-1]$ 范围内的图像，其中灰度为 i 的图像像素数为 n_i，其概率密度为

$$\begin{cases} p_i = n_i / N \\ \sum_{i=0}^{L-1} p_i = 1 \end{cases}, \quad i = 0, 1, 2, \cdots, L-1 \tag{7.27}$$

假定最终得到的二值化灰度值为 T，则可将图像灰度等级分为 $[0, T]$，$[T+1, L-1]$ 两个区间，分别记为 C_0 和 C_1。从而，总体、C_0、C_1 这三个部分对应的平均灰度值分别为：

$$U = \sum_{i=0}^{L-1} i p_i$$

$$U_0 = \sum_{i=0}^{T} i p_i / \omega_0 \tag{7.28}$$

$$U_1 = \sum_{i=T+1}^{L-1} i p_i / \omega_1$$

其中

$$\omega_0 = \sum_{i=0}^{T} p_i$$

$$\omega_1 = \sum_{i=T+1}^{L-1} p_i \tag{7.29}$$

进一步定义类间方差 σ^2 为

$$\sigma^2 = \omega_0 (U_0 - U_T)^2 + \omega_1 (U_1 - U_T)^2 = \omega_0 \omega_1 (U_0 - U_1)^2 \tag{7.30}$$

使 T 遍历 $[0, L-1]$，当类间方差 σ^2 得到最大值时，T 记为最佳阈值。同样，以 QR 条码为例，使用上述 Otsu 方法处理经过高斯同态滤波后的图 7.41，得到图 7.42，二值化去除了 A4 纸在不均匀光照下的影响，保留了 QR 条码符号的细节，取得了非常好的效果。

图 7.42　使用 Otsu 方法进行二值化结果

二值化一般是二维条码符号译码检测的最后一步。然而，由于研究的光电动态检测系统旨在动态过程中捕捉二维条码符号，条码并不一定处于适合拍摄的位置，或者由于震动产生了倾斜，造成成像几何失真。为了解决此类问题，我们在光电动态检测系统软件算法中加入了投影变换。

一般情况下，像素坐标进行空间变换之后，所得到的不一定是整数，在这种情况下需要进行插值计算。像素插值的方法分为两类，一类是前向映射法，通过转换原始坐标得到输出图像坐标（通常不是整数），对输出图像中邻近坐标的像素进行灰度（颜色）分配；另一类是后向映射法，遍历输出图像，通过反变换得到对应原始图像坐标，通过原始图像中邻近坐标像素进行灰度分配。根据二维条码符号只有黑白两色的特征，为减少计算机运算量，采用了邻近插值的方法：输出坐标像素的灰度值等于距离它最近的原始图像映射坐标的像素值。图 7.43 所示为以 QR 条码符号为例的投影变换。

(a) 倾斜拍摄产生几何失真的图像　　　　　　　　(b) 投影变换以后的图像

图 7.43　投影变换

在上述设计的光电动态检测系统基础之上，对系统进行整体性调试。实验针对条码符号在动态环境下的质量表现进行评价，并且从光源影响以及软件效果两个方面进行分析。实验以 QR 条码符号为例。

7.2.4　二维条码动态图像质量检测半物理验证

照明是二维条码动态图像质量检测系统的重要组成部分，也是影响获取图像质量的重要环节。良好的光照能够提高样品（二维条码）区域的亮度及对比度。为验证系统照明对 CMOS 视场中心亮度及对比度的影响，本节设计实验分别测试了光源功率与角度对 CMOS 成像二维条码图像灰度（亮度）与对比度的影响，实验装置如图 7.44 所示。

图 7.44　实验设计图

　　光电动态检测系统的光源是对称设计，为了验证两边光源的对称性与线性叠加的性能，实验分别测量了单侧光源以及两侧光源同时打开时功率对 CMOS 成像灰度的影响，如图 7.45 所示。

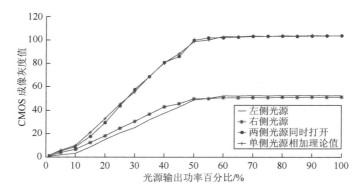

图 7.45　光源输出功率对成像灰度值的影响曲线

　　从图 7.45 中可以看出，光源功率与 CMOS 成像灰度值在光源功率饱和（本实验中光源功率在 50%时光源已达到稳定亮度）之前呈线性关系。左侧或右侧光源对 CMOS 成像灰度值的影响大致相同，且两者数值相加的结果等同于两侧光源同时打开时的成像效果。实验验证了两边条形阵列光源的对称性以及线性叠加的性能。在实际使用中，可以通过左右光源亮度的不等来对整体环境进行针对性补光，使整体照度相对均匀，而输出功率仅需保持光源达到稳定亮度即可。

　　另外，光源的亮度对 CMOS 所成二维条码图像的对比度有较大影响，在对比度不佳的环境下，二维条码的识读会受到干扰，产生识读错误。为验证和了解此类问题，设计实验以图 7.46 所示图样为识读目标，利用系统对图样进行图像采集，并调整光源的输出功率，记录 CMOS 最终成像结果，实验结果如图 7.47 所示。

图 7.46　对比度影响实验选择图样

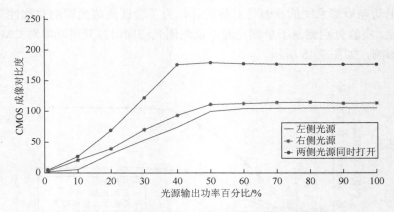

图 7.47　光源输出功率对二维条码图像成像对比度的影响

由图 7.47 可知，光源输出功率与成像对比度显然呈正相关，即光源的亮度越高，成像对比度越好。但在实验条件下，一定不能使 CMOS 过度曝光，造成实际灰度超过 CMOS 的最大成像阈值，此时反而会降低成像对比度，如图 7.48 所示。

图 7.48　过度曝光

此外，条形 LED 阵列光源出射至图样的角度对 CMOS 成像整体的灰度值（亮度值）以及二维条码图样的对比度值也具有相应影响。采用图 7.44 所示的试验装置和图 7.46 所示的实验设计图样，固定光源功率，以光源照明角度为变量，得到光源照明角度对 CMOS 成像灰度值和 CMOS 成像对比度的影响曲线（图 7.49 和图 7.50）。

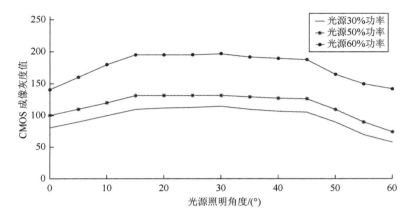

图 7.49　光源照明角度对 CMOS 成像灰度值的影响

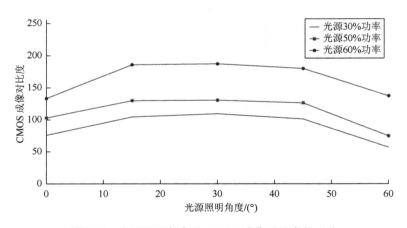

图 7.50　光源照明角度对 CMOS 成像对比度的影响

结果显示了光源照明角度对成像灰度值（亮度值）和二维条码图像成像对比度具有同样的影响趋势，在一定的光源功率下，当照明角度在 15°～45°时，系统取得的成像效果最佳，并且当照明角度超过 45°时，成像效果有较大幅度的下滑。

以上实验结果验证了光电动态检测系统所设计两边条形 LED 阵列光源的对称性，在使用中得出了提高光源功率（即目标照度）能有效提升 CMOS 成像的整体灰度与二维条码图像的对比度的经验，并且光源与被照射面之间呈一定角度能有效提高成像灰度值与对比度，需根据实验环境适当调节得到最佳角度。测试以 QR 条码为例。图 7.51 是检测结果管理界面，包括查询结果列表、选中导出列表和单个检测结果，可以实现二维条码符号反射率、调制比、印刷增量、轴向不一致和网格不一致等质量检测。图 7.52 是系统正常运行时抓取到的从传输带通过的 QR 条码符号。

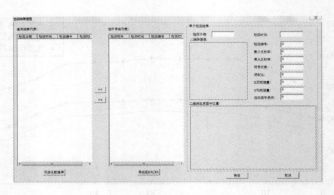

图 7.51　检测结果管理界面

图 7.52　二维条码动态检测示意

对于检测到的二维条码符号，软件提供了如下质量评价参数。

（1）反射率检测：对二维条码图像的最大、最小反射率进行检测。

（2）调制比检测：根据灰度图像，对二维条码模块的调制比进行检测。

（3）印刷增量检测：根据二值图像，检测符号图形相对于标准尺寸增大或者减小的程度。

（4）轴向不一致检测：根据二值图像，对符号图形轴向尺寸的不均匀性进行检测。

（5）网格不一致检测：根据二值图像，对符号图形网格交叉位置偏离程度进行检测。

在实际使用环境中，二维条码在检测时可能并不处于水平（竖直）位置，角度变化实际上对二维条码在程序中显示的检测质量有影响。为了测试角度对二维条码质量参数的影响程度，实验以图 7.53 为采集目标，其中二维条码以 30° 为间隔旋转直至与原图重合。

图 7.53　不同角度的二维条码

检测结果如表 7.2 所示。当二维条码图样产生非直角（非 90° 的整数倍）倾转时，二维条码的识读质量会受到影响。系统在读取到倾斜二维条码后，会根据倾斜角度对二维条码图样进行旋转纠正，由于纠正几何变形所使用的插值与投影变换会使得 QR 条码符号损失细节，因此会影响识读质量。对于 90° 整数倍的旋转情况，系统旋转操作只需进行对称或平移操作，不会对 QR 条码符号的细节造成影响。

表 7.2　检测结果

编号	检测日期	检测时间	最小反射率	最大反射率	符号反差	调制比	X印刷增量	Y印刷增量	固定图形损伤	角度/(°)
3	20151206	102210	0	0.592157	0.592157	0.013699	1.357143	0.563492	1	30
6	20151206	102211	0	0.600000	0.600000	0.013699	1.357143	0.563492	1	60
8	20151206	102211	0.105882	0.611765	0.505882	0.015504	0	0	4	90
1	20151206	102210	0	0.623529	0.623529	0.013699	1.357143	0.563492	1	120
5	20151206	102211	0	0.627451	0.627451	0.013699	1.357143	0.563492	1	150
9	20151206	102212	0.105882	0.631373	0.525490	0.014925	0	0	4	180
2	20151206	102210	0	0.623529	0.623529	0.013699	1.357143	0.563492	1	210
12	20151206	102212	0	0.623529	0.623529	0.013699	1.357143	0.563492	1	240

续表

编号	检测日期	检测时间	最小反射率	最大反射率	符号反差	调制比	X印刷增量	Y印刷增量	固定图形损伤	角度/(°)
10	20151206	102212	0.129412	0.619608	0.490196	0.016000	0	0	4	270
4	20151206	102211	0	0.611765	0.611765	0.013699	1.357143	0.563492	1	300
7	20151206	102211	0	0.588235	0.588235	0.013699	1.357143	0.563492	1	330
11	20151206	102212	0.113725	0.607843	0.494118	0.015873	0	0	4	360

在实际测试中，二维条码可能由于各种原因处于并不竖直的状态，这并不影响该二维条码在动态环境中的检测，其检测结果是该二维条码在当前环境下的综合体现；在其他情况下，若有需要对同一批次的二维条码进行检测，对质量进行比对，此时需要将二维条码竖直放置，以达到其最佳的质量表现。

7.2.5　物流环境下二维条码摄影定位

在实际应用场景中，二维条码作为携带商品信息的载体，一般贴附在商品包装的表面。在物流环境下，产品包装上可能不止一种条码，通常有固定的印刷或贴附点。条码标签位置的一致性不好会影响条码的确识别，进而影响整个物流过程；而且条码位置在 CMOS 视场中的位置过高或过低也会影响 CMOS 抓取到的条码图像的质量。对于位置不合适的条码，实现了对 CMOS 抓取到的图像进行条码符号的自动化标定，得到条码符号在货物表面的相对位置，为进一步规范大规模物流环境下二维条码印制质量提供了新的参考。

根据 DLT 方法，本节设计了对应的软件程序。图 7.54 所示为程序的主界面。

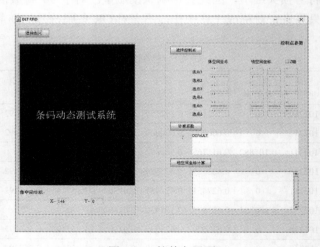

图 7.54　软件主界面

在主界面中，"像空间坐标"标记处的文本框控件用于实时监控鼠标指针扫过像素坐标。按下"选择控制点"按钮之后，鼠标在左侧图像上点击选取控制点，右侧"选点 1"至"选点 6"文本框会自动记录已经选取的像素点在数字图像坐标系中的坐标（以图像左上角为（0，0）点）。注意，当"Z 轴"复选框处于非勾选状态时，软件进行二维 DLT，此时"选点 5"和"选点 6"处于冻结状态（二维 DLT 仅需要 4 个控制点），并且"物空间坐标"栏中的"Z 轴"分量也处于不可写入的状态。完成控制点选择，并在相应文本框中填入物方空间坐标以后，点击"计算系数"按钮，软件会计算出 DLT 所需要的 8 或 11 个系数，并在"1"标记处的文本控件处显式数值。最后，点击"物空间坐标计算"按钮，再将鼠标移至左侧图像进行像素选择，软件会自动将转换后的坐标显示在按钮下方的文本空间内。

软件主界面中显式的是软件默认的图像，对于需要进行 DLT 的图像，点击左上角"选择图片"按钮，弹出图 7.55 所示界面，进行选定。

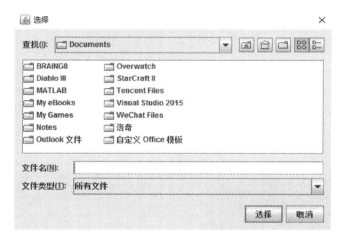

图 7.55　图片选择界面

为了验证软件的稳定性以及软件内部建立的 DLT 算法的有效性，根据系统对 QR 条码符号在物流货品表面相对位置的定标需求，设计进行了以下的二维 DLT 实验。如图 7.56 所示，多个 QR 条码符号散布在物流托盘上，由于只需要在托盘表面对 QR 条码符号进行坐标定位，因此只需要 4 个控制点，在托盘上用 4 个圆形瓶盖进行标记。

观察图 7.56 可以发现，托盘面在成像时与拍摄镜头有一定夹角，因此依据托盘边缘标记的坐标轴产生了转动。根据 DLT 的理论阐释，DLT 在处理过程中可以容忍存在几何变形的图像，最终得到正确的结果。

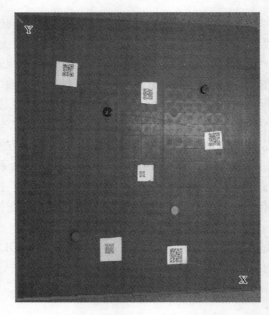

图 7.56 QR 条码符号定位实验图

在软件中选取图 7.56，点击"选择控制点"，在图中选取标记点（图中标记）作为控制点（图 7.57），并填写控制点在实际测量中的位置。经过测量，左下、右下、左上、右上四个点的坐标分别为（24，24）、（60，32）、（36，64）以及（72，

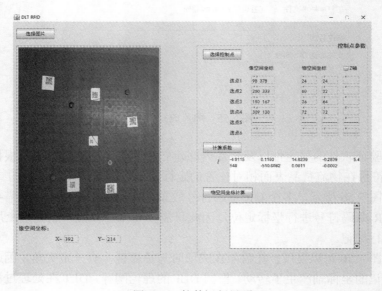

图 7.57 软件运行界面

72)，长度单位为 cm，坐标原点在左下角，控制点在数字图像坐标系中的控制坐标则由软件自动记录。

点击"计算系数"按钮，软件计算并输出了本例中需要的 8 个系数，分别是（−4.9115，0.1160，14.8239，−0.2939，5.4548，−510.6082，0.0011，−0.0002），通过这 8 个系数，可以进行下一步的非控制点物方空间计算。点击"物空间坐标计算"按钮，并在左侧图像中选择需要计算的像素，得到图 7.58，对左下和右下两个 QR 条码符号的中心像素坐标（153，399）、（262，409）进行了物方空间坐标计算，得到（36，20）、（60，17）两个坐标，这与在软件计算之前实际测量所得到的（36，19）、（60，18）的记录值基本吻合。

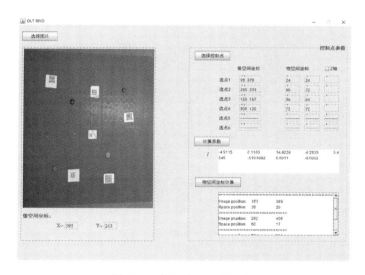

图 7.58　物方空间坐标计算

7.3　本 章 小 结

本章主要介绍了半物理验证技术在车联网和条码识别中的应用。首先简要介绍了车联网与物联网的关系，随后针对车联网环境下电子车牌的相关理论及性能测试，提出并设计了半物理验证实验平台，并通过实例对电子车牌中 RFID 标签的识读距离进行了测试，本章研究为半物理验证技术在车联网中的应用提供了基础支撑，同时为车联网中电子车牌的检测提供了有效的参考。随后针对物流环境下二维条码批量动态检测的问题，在二维条码符号图像预处理的环节，提出了灰度化、降噪（自适应中值滤波）、对比度增强（高斯同态滤波）、二值化（Otsu 方法）以及几何失真校正（透视变换）等算法。对搭建的物流环境下二维条码光电动态检测半物理验证系统，针对不同光源进行了实验测试。实验结果表明，该系统能够完整地进行二维条码符号从图像采集、图像预处理到符号质量检测等一系列流程。同时，实验过程中记录的数据能够帮助我们更好地对系统进行调整，以适应不同的工作环境。最后详细阐述了摄影定位测量的基本原理，设计了 DLT 的算法，并对算法进行了半物理验证，验证了算法的有效性。

参 考 文 献

[1] Sun B，Zeng F M，Zhang W D，et al. Development of Frequency and Power Control System Hardware-in-loop Simulation Platform for Ship Power Plant. Berlin：Springer，2013.

[2] Choi C，Lee W. Analysis and compensation of time delay effects in hardware-in-the-loop simulation for automotive PMSM drive system. IEEE Transactions on Industrial Electronics，2012，59（9）：3403-3410.

[3] 杨玉堃.俄罗斯潜射战略弹道导弹的发展与前景.导弹与航天运载技术，2009，（2）：57-61.

[4] 夏薇. 俄罗斯弹道导弹发展现状及未来预测.航天制造技术，2010，（6）：12-14.

[5] Steurer M，Edrington C S，Sloderbeck M，et al.A megawatt-scale power hardware-in-the-loop simulation setup for motor drives. IEEE Transactions on Industrial Electronics，2010，57（4）：1254-1260.

[6] Lu B，Wu X，Figueroa H，et al. A low-cost real-time hardware-in-the-loop testing approach of power electronics controls. IEEE Transactions on Industrial Electronics，2007，54（2）：919-931.

[7] Li Y Z，Zhu S J，Li Y H，et al. Temperature prediction and thermal boundary simulation using hardware-in-loop method for permanent magnet synchronous motors. IEEE/ASME Transactions on Mechatronics，2016，21（1）：276-287.

[8] 曾嫦娥，鱼明哲，单长胜，等. 美陆军制导武器试验半实物仿真技术综述.飞行器测控学报，2005，24（3）：75-83.

[9] 谷峰，赵昱，冯禹，等. 图像制导半实物仿真系统设计中的关键技术. 弹箭与制导学报，2004，24（4）：296-299.

[10] 单家元，刘藻珍，李钟武，等. 激光制导武器半实物仿真试验系统. 计算机仿真，2002，19（2）：15-17.

[11] 虞红，雷杰. 可见光成像制导半实物仿真中的图像生成技术. 现代防御技术，2006，34（6）：107-110.

[12] 邓方林，刘志国，王仕成. 激光导引头半实物仿真系统的设计与研制. 系统仿真学报，2004，16（2）：255-257.

[13] 宗志园，许戎戎，施凌飞，等. 毫米波/红外复合制导半实物仿真关键技术研究. 航天控制，2009，27（6）：71-74.

[14] 娄汉文，曲广吉，刘济生. 空间对接机构. 北京：航空工业出版社，1992.

[15] 关英姿. 航天器对接过程的动力学及仿真技术. 哈尔滨：哈尔滨工业大学，2001.

[16] Grimber D，Marchal P. Dynamic testing of a docking system. First European In-orbit Operations Technology Symposium，Darmstadt，1987：281-288.

[17] Elfving A，Fehse W. Simulation tools for the development of an autonomous rendezvous and

docking system. Esa Journal，1986，11（2）：197-214.

[18] Kasai T，Oda M，Suzuki T. Results of the ETS-7 mission-rendezvous docking and space robotics experiments. Fifth International Symposium on Artificial Intelligence，Robotics and Automation in Space，Noordwijk，1999：299-306.

[19] Yanagisawa H，Ohkami Y，Matunaga S，et al. Design of the docking simulator and its fundamental experiment. Strengthening Cooperation in the 21 Century，Marina Del Rey，1995：61-64.

[20] 关英姿，崔乃刚. 空间飞行器对接动力学的数值仿真研究. 哈尔滨工业大学学报，1999，31（4）：121-124.

[21] 林来兴. 空间交会对接的仿真技术. 航天控制，1990，8（4）：66-71.

[22] 王峰，曹喜滨，邱文勋，等. 小卫星控制系统半物理仿真验证平台. 哈尔滨工业大学学报，2008，40（11）：1681-1685.

[23] 孙兆伟，徐国栋，林晓辉，等. 小卫星设计、分析与仿真验证一体化系统. 系统仿真学报，2001，13（5）：623-626.

[24] Su K，Li J，Fu H. Smart city and the applications. International Conference on Electronics，Communications and Control，Ningbo，2011：1028-1031.

[25] Aisopou A，Stoianov I，Graham N J. In-pipe water quality monitoring in water supply systems under steady and unsteady state flow conditions：A quantitative assessment. Water Research，2012，46（1）：235-246.

[26] Dutta S，Sarma D，Nath P. Ground and river water quality monitoring using a smartphone-based pH sensor. Aip Advances，2015，5（5）：057151.

[27] Mokhtar B，Azab M，Shehata N，et al. System-aware smart network management for nano-enriched water quality monitoring. Journal of Sensors，2016，（2）：1-13.

[28] 冯李航，曾捷，梁大开，等. 基于光纤 SPR 光谱分析的水质矿化度检测研究. 光谱学与光谱分析，2012，32（11）：2929-2934.

[29] 熊双飞，魏彪，吴德操，等. 一种紫外-可见光谱法水质监测系统的可变光程光谱探头设计. 激光杂志，2015，（11）：94-98.

[30] 刘军涛，罗金平，高嘉乐，等. 一种新型水质细菌总数快速检测仪的研制. 光电子·激光，2014，25（4）：664-668.

[31] 王希杰. 基于物联网技术的生态环境监测应用研究. 传感器与微系统，2011，30（7）：149-152.

[32] Yu L，Li X，Jian Z，et al. Research on the innovation of strategic business model in green agricultural products based on internet of things（IOT）. International Conference on E-Business and Information System Security，Wuhan，2010：636-638.

[33] Yang S H，Jung E M，Han S K. Indoor location estimation based on led visible light communication using multiple optical receivers. IEEE Communications Letters，2013，17（9）：1834-1837.

[34] Takami K，Furukawa T，Kumon M，et al. Estimation of a nonvisible field-of-view mobile target incorporating optical and acoustic sensors. Autonomous Robots，2016，40（2）：343-359.

[35] 娄鹏华，张洪明，郎凯，等. 基于室内可见光照明的位置服务系统. 光电子·激光，2012，

23（12）：2298-2303.

[36] 黄吉羊，孟濬，张燃. 基于特征光源的三维室内定位技术. 浙江大学学报（工学版），2016，50（7）：1393-1401.

[37] Kaemarungsi K，Krishnamurthy P. Analysis of WLAN's received signal strength indication for indoor location fingerprinting. Pervasive & Mobile Computing，2012，8（2）：292-316.

[38] Gungor V C，Sahin D，Kocak T，et al. A survey on smart grid potential applications and communication requirements. IEEE Transactions on Industrial Informatics，2013，9（1）：28-42.

[39] Zaker N，Kantarci B，Erol-Kantarci M，et al. Quality-of-service-aware fiber wireless sensor network gateway design for the smart grid. IEEE International Conference on Communications Workshops，Budapest，2013：863-867.

[40] Luo R，Hua N，Liu Z，et al. Latency constrained dynamic routing in optical transport networks for smart grid. Optical Sensors，Vancouver，2016.

[41] 徐金涛，王英利，王嘉，等. 全光纤电流传感器在智能电网中的应用. 电器工业，2011，1（1）：53-57.

[42] 李希，杨建华，齐小伟，等. 光纤复合电缆的应用分析与探讨. 电力系统通信，2011，32（225）：52-56.

[43] Kempf D J. Real time simulation for application to ABS development. SAE Paper，1987：870336.

[44] Bigliani U，Piccolo R，Vipiana C. On road test vs bench simulation test：A way to reduce development time and increase product reliability. SAE Technical Paper Series，Warrendale，1990：905207.

[45] Powell B K，Sureshbabu N，Bailey K E，et al. Hardware-in-the-loop vehicle and powertrain analysis and control design issues. 1998 American Control Conference，Philadelphia，1998：483-492.

[46] Raman S，Sivashankar N，Milam W，et al. Design and implementation of HIL simulators for powertrain control system software development. 1999 American Control Conference，San Diego，1999：709-713.

[47] Isermann R，Schaffnit J，Sinsel S. Hardware-in-the-loop simulation for the design and testing of engine-control systems. Control Engineering Practice，1999，7（5）：643-653.

[48] Isermann R，Müller N. Design of computer controlled combustion engines. Mechatronics，2003，13（10）：1067-1089.

[49] 李彬轩. 柴油机电控单元硬件在环仿真系统的设计及其相关研究. 杭州：浙江大学，2001.

[50] 王永庭，张付军，黄英，等. 柴油机各缸供油量不均匀调节 ECU 硬件在环仿真研究. 北京理工大学学报，2005，25（1）：13-17.

[51] 孔峰，张育华，宋希庚，等. 共轨柴油机仿真系统及 ECU 的硬件在环仿真. 柴油机，2005，27（4）：12-14.

[52] 于银山，俞晓磊，赵志敏，等. 基于光电传感的射频识别动态数据采集与检测系统设计与实现. 理化检验：物理分册，2014，50（9）：629-632.

[53] 刘佳玲，俞晓磊，赵志敏，等. 基于光电技术的输送线射频识别动态测试研究. 激光与光电子学进展，2016，53：91204.

[54] 俞晓磊. 典型物联网环境下 RFID 防碰撞及动态测试关键技术：理论与实践. 北京：科学出版社，2015.

[55] 于银山，俞晓磊，赵志敏，等. 一种基于矩阵分析的 RFID 标签分布优选配置方法：中国，ZL201310175258.0. 2015.

[56] 于银山，俞晓磊，赵志敏，等. 闸门环境下基于识读距离测量的 RFID 标签方向图动态绘制方法：中国，ZL201410160411.7. 2016.

[57] 俞晓磊，于银山，刘佳玲，等. 一种用于 RFID 标签动态性能测试的温度控制系统：中国，ZL201520410696.5. 2015.

[58] 俞晓磊，汪东华，于银山，等. 一种用于物流输送线的 RFID 识读范围自动测量方法：中国，ZL201210312559.9. 2015.

[59] 俞晓磊，汪东华，于银山，等. 一种用于物流输送线的 RFID 识读范围自动测量系统：中国，ZL201220434345.4. 2013.

[60] 俞晓磊，汪东华，于银山，等. 一种闸门入口环境下 RFID 多标签防碰撞识读范围测量系统：中国，ZL201320196269.2. 2013.

[61] 于银山，俞晓磊，汪东华，等. 多径衰落信道下射频识别系统抗干扰技术. 太赫兹科学与电子信息学报，2013，11（3）：363-367.

[62] 季玉玉，俞晓磊，赵志敏，等. 射频识别系统碰撞过程的概率建模及防碰撞检测. 理化检验：物理分册，2013，49（1）：6-10.

[63] 赵昆，蒋智宁. 不理想的信道互易性对波束成形技术的影响. 电讯技术，2013，53（1）：60-62.

[64] Terasaki K，Honma N. Experimental evaluation of passive MIMO transmission with load modulation for RFID application. IEICE Transactions on Communications，2014，E97.B（7）：1467-1473.

[65] He C，Chen X，Wang Z J，et al.On the performance of MIMO RFID backscattering channels. EURASIP Journal on Wireless Communications and Networking，2012，（1）：357.

[66] Zheng F，Kaiser T. A space-time coding approach for RFID MIMO systems. EURASIP Journal on Embedded Systems，2012，（1）：9.

[67] 李峻松，周杰，菊池久和. 小角度扩展相关性近似算法分析. 通信技术，2015，48（1）：8-13.

[68] 徐尧，蒋攀攀，王大鸣. 基于特征值分布的自适应 MIMO 接收方法. 计算机工程，2014，40（3）：108-112.

[69] Bekkerman I，Tabrikian J. Target detection and localization using MIMO radars and sonars. IEEE Transactions on Signal Processing，2006，54（10）：3873-3883.

[70] Vu M，Paulraj A. MIMO wireless linear precoding. IEEE Signal Processing Magazine，2007，24（5）：86-105.

[71] EPCglobal. Dynamic test：Conveyor portal test methodology. 2006.

[72] Yu Y S，Yu X L，Zhao Z M，et al. Measurement uncertainty limit analysis of biased estimators in RFID multiple tags system. IET Science，Measurement & Technology，2016，10（5）：

449-455.

[73] Huang Y, Yu X L, Wang D H, et al. Electromagnetic effects of nearby NaCl solution on RFID tags based on dynamic measurement system. Journal of China Universities of Posts & Telecommunications, 2015, 22 (5): 49-55.

[74] Yu Y S, Yu X L, Zhao Z M, et al. Influence of temperature on the dynamic reading performance of UHF RFID system: Theory and experimentation. Journal of Testing and Evaluation, 2017, 45 (5): DOI: 10.1520/JTE20150466.

[75] Yu Y S, Yu X L, Zhao Z M, et al. Online measurement of alcohol concentration based on radio frequency identification. Journal of Testing and Evaluation, 2016, 44 (6): 2077-2084.

[76] Voytovich N I, Ershov A V, Bukharin V A, et al. Temperature effect on cavity antenna parameters. URSI General Assembly and Scientific Symposium, Istanbul, 2011: 1-4.

[77] Yadav R K, Kishor J, Yadava R L. Effects of temperature variations on microstrip antenna. Journal of Networks and Communications, 2013, 3 (1): 21-24.

[78] Cheng H, Ebadi S, Gong X. A low-profile wireless passive temperature sensor using resonator/antenna integration up to 1000 degrees. IEEE Antennas and Wireless Propagation Letters, 2012, 11: 369-372.

[79] Li S, Li N, Calis G, et al. Impact of ambient temperature, tag/antenna orientation and distance on the performance of radio frequency identification in construction industry. Computing in Civil Engineering, 2011, 5: 85-93.

[80] Merilampi S L, Virkki J, Ukkonen L, et al. Testing the effects of temperature and humidity on printed passive UHF RFID tags on paper substrate. International Journal of Electronics, 2014, 101 (5): 711-730.

[81] Goodrum P M, Mclaren M A, Durfee A.The application of active radio frequency identification technology for tool tracking on construction job sites. Automation in Construction, 2006, 15 (3): 292-302.

[82] Hahn D W, Ozisik M N. Heat Conduction. 3rd ed. New York: John Wiley & Sons, 2012.

[83] Huleihil M, Andresen B. Convective heat transfer law for an endoreversible engine. Journal of Applied Physics, 2016, 100 (1): 14911.

[84] Sheikholeslami M, Ganji D D, Javed M Y, et al. Effect of thermal radiation on magnetohy-drodynamics nanofluid flow and heat transfer by means of two phase model. Journal of Magnetism and Magnetic Materials, 2015, 374: 36-43.

[85] Nikitin P V, Rao K V S. Theory and measurement of backscattering from RFID tags. IEEE Antennas and Propagation Magazine, 2006, 48 (6): 212-218.

[86] Decarli N, Guidi F, Dardari D. A novel joint RFID and radar sensor network for passive localization: Design and performance bounds. IEEE Journal of Selected Topics in Signal Processing, 2014, 8 (1): 80-95.

[87] Want R. An introduction to RFID technology. IEEE Pervasive Computing, 2006, 5 (1): 25-33.

[88] Sha A, Zhang C, Zhou H. The temperature measuring and evaluating methods based on infrared thermal image for asphalt-pavement construction. Journal of Testing and Evaluation,

2012，40（7）：1213-1219.

[89] Momma T，Matsunaga M，Mukoyama D，et al. Ac impedance analysis of lithium ion battery under temperature control. Journal of Power Sources，2012，216：304-307.

[90] Yu X L，Yu Y S，Wang D H，et al. A novel temperature control system of measuring the dynamic UHF RFID reading performance. 6th International Conference on Instrumentation，Measurement，Computer，Communication and Control，Harbin，2016：322-326.

[91] Bishop A N.On the Geometry of Localization，Tracking and Navigation. Deakin：Deakin University，2008.

[92] Gianpaolo C，Patrick D. Vision-based unmanned aerial vehicle navigation using geo-referenced information. EURASIP Journal on Advances in Signal Processing，2008，2009（1）：1-18.

[93] Salichs M A，Moreno L. Navigation of mobile robots：Open questions. Robotica，2000，18（3）：227-234.

[94] 于银山，俞晓磊，刘佳玲，等. 利用 Fisher 矩阵的 RFID 多标签最优分布检测方法. 西安电子科技大学学报（自然科学版），2016，40（2）：116-121.

[95] Bishop A N，Fidan B，Anderson B D O，et al. Optimality analysis of sensor-target localization geometries. Automatica，2010，46（3）：479-492.

[96] Bishop A N，Anderson B D O，Fidan B，et al. Bearing-only localization using geometrically constrained optimization. IEEE Transactions on Aerospace and Electronic System，2009，45（1）：308-320.

[97] Yu X L，Yu Y S，Zhao Z M，et al. Geometric pattern of RFID multi-tag distribution in dynamic IOT environment. IEEE International Conference on Information Science and Technology，Shenzhen，2014：809-812.

[98] Yadav A K，Chandel S S. Solar radiation prediction using artificial neural network techniques：A review. Renewable and Sustainable Energy Reviews，2014，33：772-781.

[99] Schuster E W，Allen S J，Brock D L. Global RFID：The Value of the EPC Global Network for Supply Chain Management. Berlin：Springer Science & Business Media，2007.

[100] Jiang J. BP neural network algorithm optimized by genetic algorithm and its simulation. International Journal of Computer Science Issues，2013，10（2）：516-520.

[101] Ding S，Su C，Yu J. An optimizing BP neural network algorithm based on genetic algorithm. Artificial Intelligence Review，2011，36（2）：153-162.

[102] Yang Y，Wang G，Yang Y. Parameters optimization of polygonal fuzzy neural networks based on GA-BP hybrid algorithm. International Journal of Machine Learning and Cybernetics，2014，5（5）：815-822.

[103] Du W B，Gao Y，Liu C，et al. Adequate is better：Particle swarm optimization with limited-information. Applied Mathematics and Computation，2015，268：832-838.

[104] Dheeba J，Singh N A，Selvi S T. Computer-aided detection of breast cancer on mammograms：A swarm intelligence optimized wavelet neural network approach. Journal of Biomedical Informatics，2014，49：45-52.

[105] 刘全金，赵志敏，李颖新，等，基于近邻信息和 PSO 算法的集成特征选取. 电子学报，

2015，44（4）：995-1002.

[106] Trelea I C. The particle swarm optimization algorithm：Convergence analysis and parameter selection. Information Processing Letters，2003，85（6）：317-325.

[107] Sharafi M，Elmekkawy T Y. Multi-objective optimal design of hybrid renewable energy systems using PSO-simulation based approach. Renewable Energy，2014，68：67-79.

[108] 申元霞，王国胤. 新型粒子群优化模型及应用. 北京：科学出版社，2016.

[109] Melin P，Olivas F，Castillo O，et al. Optimal design of fuzzy classification systems using PSO with dynamic parameter adaptation through fuzzy logic. Expert Systems with Applications，2013，40（8）：3196-3206.

[110] Ratnaweera A，Halgamuge S K，Watson H C.Self-organizing hierarchical particle swarm optimizer with time-varying acceleration coefficients. IEEE Transactions on Evolutionary Computation，2004，8（3）：240-255.

[111] Torkkola K. Feature extraction by non parametric mutual information maximization. Journal of Machine Learning Research，2003，3（3）：1415-1438.

[112] Vapnik V N. The Nature of Statistical Learning Theory. New York：Springer Science & Business Media，2013.

[113] Vapnik V N.An overview of statistical learning theory. IEEE Transactions on Neural Networks，1999，10（5）：988-999.

[114] Keogh E，Mueen A. Curse of Dimensionality. New York：Springer，2011.

[115] Shao Y H，Chen W J，Deng N Y. Nonparallel hyperplane support vector machine for binary classification problems. Information Sciences，2014，263（3）：22-35.

[116] Pedregosa F，Varoquaux G，Gramfort A，et al. Scikit-learn: Machine learning in python. Journal of Machine Learning Research，2012，12（10）：2825-2830.

[117] Leslie C，Eskin E，Noble W S. The spectrum kernel：A string kernel for SVM protein classification. Pacific Symposium on Biocomputing Pacific Symposium on Biocomputing，2015，7：564-575.

[118] Liu Q J，Zhao Z M，Li Y，et al. A novel method of feature selection based on SVM. Journal of Computers，2013，8（8）：2144-2149.

[119] Xu J，Ramos S，Vazquez D，et al. Hierarchical adaptive structural SVM for domain adaptation. International Journal of Computer Vision，2016，119（2）：1-20.

[120] Zhang X，Liang Y，Zhou J，et al. A novel bearing fault diagnosis model integrated permutation entropy，ensemble empirical mode decomposition and optimized SVM. Measurement，2015，69：164-179.

[121] Cao L J，Keerthi S S，Ong C J，et al. Parallel sequential minimal optimization for the training of support vector machines. IEEE Transactions on Neural Networks，2006，17（4）：1039-1049.

[122] Diehl C P，Cauwenberghs G. SVM incremental learning，adaptation and optimization. IEEE International Joint Conference on Neural Networks，Portland，2003：2685-2690.

[123] Chang C C，Lin C J. LIBSVM：A library for support vector machines. ACM Transactions on Intelligent Systems & Technology，2011，2（3）：27-30.

[124] Plaza A，Martinez P，Perez R，et al. Spatial/spectral endmember extraction by multidimensional morphological operations. IEEE Transactions on Geoscience & Remote Sensing，2002，40（9）：2025-2041.

[125] Law G. Quantitative comparison of flood-fill and modified flood-fill algorithms. International Journal of Computer Theory & Engineering，2013，5（3）：503-508.

[126] Lee Y，Hara T，Fujita H，et al. Automated detection of pulmonary nodules in helical CT images based on an improved template-matching technique. IEEE Transactions on Medical Imaging，2001，20（7）：595-604.

[127] Bezdek J C. Pattern Recognition with Fuzzy Objective Function Algorithms. New York：Springer Science & Business Media，2013.

[128] Jain A K，Duin R P W，Mao J. Statistical pattern recognition：A review. IEEE Transactions on Pattern Analysis & Machine Intelligence，2000，22（1）：4-37.

[129] Mizuno K，Aizawa M，Saito S，et al. Analysis of feeding behavior with direct linear transformation. Early Human Development，2006，82（3）：199-204.

[130] 韩学源. 基于 DLT 理论的交通事故现场快速测绘技术与应用. 上海：上海交通大学，2012.

[131] Mer Y，Yang S，MOB. Improved edge detection algorithm based on Canny Operator. Laser & Infarared，2016，36（6）：501-503.

[132] Cheng J J，Cheng J L，Zhou M C，et al. Routing in internet of vehicles：A review. IEEE Transactions on Intelligent Transportation Systems，2015，16（5）：2339-2352.

[133] Mallik S. Intelligent transportation system. International Journal of Civil Engineering Research，2014，5（4）：367-372.

[134] Zhang W，Xi X. The innovation and development of internet of vehicles. China Communications，2016，13（5）：122-127.

[135] 唐伦. 车联网技术与应用. 北京：科学出版社，2013.

[136] Wang L，Tao S，Lin H，et al. Multi-mode electronic vehicle identification in the scene of multi-lane free flow. International Conference on Connected Vehicles and Expo（ICCVE），Shenzhen，2015：360-361.

[137] 中华人民共和国工业和信息化部. 物联网"十二五"发展规划. 2011.

[138] 中华人民共和国交通运输部. 道路运输车辆动态监督管理办法. 2014.

[139] 中华人民共和国工业和信息化部. 联网发展创新行动计划（2015—2020 年）. 2015.

[140] Marais H，Grobler M J，Holm J E W. Modelling of an RFID-based electronic vehicle identification system. AFRICON Conference，Pointe aux Piments，Mauritius，2013：303-307.

[141] Colella R，Catarinucci L，Coppola P，et al. Measurement platform for electromagnetic characterization and performance evaluation of UHF RFID tags. IEEE Transactions on Instrumentation and Measurement，2016，65（4）：905-914.

[142] Hu H，et al. Adaptability evaluation of electronic vehicle identification in urban traffic：A case study of Beijing. Tehičkivjesnik，2016，23（1）：171-179.

[143] Maglaras L A，Al-Bayatti A H，He Y，et al. Social internet of vehicles for smart cities. Journal of Sensor & Actuator Networks，2016，5（1）：3.

[144] 中国物品编码中心. 条码技术与应用. 北京：清华大学出版社，2003.

[145] Furness A. Machine-readable data carriers-a brief introduction to automatic identification and data capture. Assembly Automation，2000，20（1）：28-34.

[146] Swartz J，Wang Y P.Fundamentals of bar code information theory. Computer，1990，23（4）：74-86.

[147] GB/T 12905—2000. 条码术语. 2000.

[148] GB/T 23704—2009. 信息技术、自动识别与数据采集技术、二维条码符号印刷质量的检验. 2002.

[149] Chen C，Kot A C，Yang H. A two-stage quality measure for mobile phone captured 2D barcode images. Pattern Recognition，2013，46（9）：2588-2598.

[150] Chen C，Kot A C，Yang H. A quality measure of mobile phone captured 2D barcode images. IEEE International Conference on Image Processing，Hong Kong，2010：329-332.

[151] 曹西征，何卫平，王伟，等. 二维条码识读中光照对图像质量的影响. 锻压装备与制造技术，2014，49（2）：94-97.

[152] 陆生辉. 条形码质量高速在线检测技术研究. 武汉：华中科技大学，2011.

[153] 刘亚侠. TDI CCD 相机实验室辐射定标的研究. 光电工程，2007，34（5）：71-74.

[154] Chander G，Markham B L，Helder D L.Summary of current radiometric calibration coefficients for Landsat MSS，TM，ETM+, and EO-1 ALI sensors. Remote Sensing of Environment，2009，113（5）：893-903.

[155] Otsu N.A threshold selection method from gray-level histograms. IEEE Transactions on Systems Man & Cybernetics，1979，9（1）：62-66.

[156] Chaki N，Shaikh S H，Saeed K.A Comprehensive Survey on Image Binarization Techniques. New Delhi：Springer India，2014.

[157] Yang H，Kot A C，Jiang X. Binarization of low-quality barcode images captured by mobile phones using local window of adaptive location and size. IEEE Transactions on Image Processing，2012，21（1）：418-425.

[158] 吴佳鹏，杨兆选，韩东，等. 基于小波和 Otsu 法的二维条码图像二值化. 计算机工程，2010，36（10）：190-192.

[159] Chu C H，Yang D N，Chen M S. Image stablization for 2D barcode in handheld devices. International Conference on Multimedia，Augsburg，2007：697-706.

[160] Xu W，Mccloskey S. 2D Barcode localization and motion deblurring using a flutter shutter camera. IEEE Workshop on Applications of Computer Vision，Washington，2011：159-165.

[161] Ha J E. A new method for detecting data matrix under similarity transform for machine vision applications. International Journal of Control，Automation and Systems，2011，9（4）：737-741.

[162] Leong L K，Yue W. Extraction of 2D barcode using keypoint selection and line detection. 10th Pacific Rim Conference on Multimedia：Advances in Multimedia Information Processing，Bangkok，1970：826-835.

[163] Belussi L F F，Hirata N S T. Fast component-based QR code detection in arbitrarily acquired

images. Journal of Mathematical Imaging and Vision，2013，45（3）：277-292.

[164] Joseph E，Pavlidis T. Waveform recognition with application to bar codes. IEEE International Conference on Systems，Man，and Cybernetics，Anchorage，1991：129-134.

[165] Hu H，Xu W，Huang Q. A 2D barcode extraction method based on texture direction analysis. International Conference on Image and Graphics，Xi'an，2009：759-762.

[166] Gonzalez R C，Woods R E，Masters B R. Digital Image Processing. 3rd ed. New Jersey：Prentice Hall，2010.

[167] Melkman A A. On-line construction of the convex hull of a simple polyline. Information Processing Letters，1987，25（1）：11-12.

[168] Jung C R，Schramm R. Rectangle detection based on a windowed Hough transform. 17th Brazilian Symposium on Computer Graphics and Image Processing，Curitiba，2004：113-120.

[169] Qian K，Yu X L，Yu Y S，et al. Design for two-dimensional barcode dynamic recognition system in the environment of large-scale logistics. IEEE Advanced Information Technology，Electronic and Automation Control Conference，Chongqing，2015：878-882.

附 录 A

表 A.1 二维分布样本测试数据及预测结果

y_1/m	z_1/m	x_2/m	z_2/m	y_3/m	z_3/m	x_4/m	z_4/m	R_m/m	R_p/m	C/%
0.311	0.300	0.148	0.301	0.199	0.349	0.229	0.312	2.39	2.38	0.42
0.201	0.149	0.308	0.251	0.391	0.298	0.150	0.219	1.61	1.62	0.62
0.150	0.351	0.302	0.348	0.340	0.151	0.248	0.151	2.34	2.33	0.43
0.298	0.248	0.099	0.348	0.118	0.302	0.389	0.250	1.89	1.90	0.53
0.329	0.311	0.299	0.351	0.381	0.388	0.158	0.390	2.00	1.99	0.50
0.320	0.201	0.469	0.452	0.398	0.369	0.482	0.199	2.36	2.35	0.42
0.131	0.370	0.276	0.372	0.152	0.175	0.037	0.191	2.18	2.14	1.83
0.239	0.240	0.034	0.416	0.282	0.077	0.409	0.406	2.17	2.20	1.38
0.403	0.269	0.048	0.020	0.320	0.030	0.096	0.268	2.23	2.24	0.45
0.406	0.255	0.148	0.366	0.253	0.188	0.287	0.298	1.83	1.86	1.64
0.083	0.103	0.232	0.265	0.316	0.094	0.254	0.308	2.15	2.12	1.4
0.408	0.140	0.282	0.416	0.114	0.310	0.290	0.159	2.05	2.08	1.46
0.403	0.208	0.183	0.231	0.314	0.168	0.164	0.227	1.92	1.94	1.04
0.214	0.112	0.348	0.212	0.408	0.357	0.268	0.243	1.65	1.66	0.61
0.340	0.358	0.307	0.340	0.367	0.314	0.344	0.082	2.22	2.22	0
0.077	0.098	0.408	0.111	0.054	0.248	0.028	0.245	1.87	1.85	1.07
0.189	0.110	0.232	0.219	0.166	0.091	0.054	0.298	2.09	2.11	0.96
0.386	0.088	0.150	0.380	0.168	0.403	0.410	0.190	2.19	2.17	0.91
0.337	0.111	0.062	0.250	0.294	0.126	0.280	0.354	1.68	1.65	1.79
0.404	0.194	0.264	0.358	0.259	0.390	0.112	0.312	1.70	1.72	1.18
0.282	0.144	0.332	0.316	0.336	0.110	0.181	0.164	2.04	2.05	0.49
0.034	0.389	0.189	0.254	0.167	0.170	0.069	0.202	1.99	2.01	1.01
0.360	0.192	0.056	0.119	0.102	0.055	0.127	0.174	2.31	2.32	0.43
0.394	0.094	0.126	0.286	0.055	0.276	0.123	0.330	2.24	2.23	0.45
0.292	0.382	0.082	0.053	0.329	0.092	0.153	0.314	2.19	2.18	0.46
0.323	0.412	0.132	0.270	0.102	0.038	0.081	0.192	1.64	1.67	1.83
0.317	0.196	0.196	0.284	0.175	0.309	0.159	0.298	1.66	1.65	0.60
0.177	0.064	0.231	0.312	0.241	0.159	0.069	0.398	1.67	1.70	1.80
0.282	0.123	0.203	0.376	0.112	0.284	0.374	0.334	2.24	2.26	0.89
0.088	0.184	0.370	0.413	0.277	0.174	0.058	0.302	2.35	2.38	1.28
0.302	0.258	0.227	0.328	0.214	0.271	0.392	0.064	2.15	2.15	0
0.033	0.125	0.398	0.252	0.081	0.029	0.180	0.176	1.71	1.72	0.58
0.131	0.261	0.275	0.391	0.333	0.384	0.039	0.256	2.18	2.22	1.83

续表

y_1/m	z_1/m	x_2/m	z_2/m	y_3/m	z_3/m	x_4/m	z_4/m	R_m/m	R_p/m	C/%
0.038	0.304	0.403	0.252	0.060	0.340	0.157	0.204	1.69	1.69	0
0.059	0.109	0.116	0.027	0.138	0.318	0.314	0.040	1.69	1.65	2.37
0.349	0.067	0.290	0.068	0.115	0.345	0.338	0.112	2.11	2.14	1.42
0.298	0.139	0.136	0.365	0.232	0.173	0.238	0.354	1.86	1.87	0.54
0.147	0.148	0.289	0.214	0.056	0.267	0.294	0.026	2.12	2.11	0.47
0.400	0.19	0.298	0.358	0.182	0.250	0.378	0.366	2.2	2.24	1.82
0.034	0.223	0.047	0.104	0.062	0.232	0.042	0.051	2.07	2.05	0.97
0.196	0.054	0.122	0.241	0.065	0.130	0.142	0.288	2.19	2.2	0.46
0.173	0.125	0.110	0.272	0.334	0.120	0.038	0.220	1.79	1.8	0.56
0.326	0.340	0.287	0.033	0.137	0.201	0.098	0.107	2.19	2.18	0.46
0.338	0.032	0.358	0.266	0.262	0.111	0.308	0.249	2.38	2.35	1.26
0.095	0.392	0.158	0.165	0.406	0.342	0.309	0.069	2.29	2.25	1.75
0.216	0.312	0.332	0.040	0.193	0.414	0.371	0.288	1.67	1.66	0.60
0.198	0.216	0.29	0.216	0.298	0.032	0.253	0.260	1.89	1.86	1.59
0.278	0.252	0.023	0.097	0.323	0.234	0.048	0.042	1.90	1.92	1.05
0.304	0.115	0.261	0.069	0.193	0.055	0.389	0.042	2.15	2.14	0.47
0.322	0.204	0.175	0.102	0.282	0.341	0.340	0.081	2.08	2.11	1.44
0.130	0.405	0.386	0.079	0.064	0.416	0.134	0.028	2.23	2.25	0.90
0.292	0.239	0.020	0.096	0.394	0.047	0.238	0.194	1.89	1.90	0.53
0.282	0.228	0.205	0.037	0.095	0.396	0.414	0.353	1.76	1.73	1.70
0.085	0.113	0.190	0.274	0.126	0.027	0.306	0.267	1.67	1.71	2.40
0.068	0.216	0.204	0.133	0.339	0.294	0.356	0.228	2.22	2.20	0.90
0.219	0.27	0.328	0.236	0.215	0.334	0.193	0.366	1.76	1.79	1.70
0.404	0.292	0.149	0.298	0.328	0.234	0.208	0.059	1.91	1.89	1.05
0.156	0.178	0.334	0.220	0.178	0.374	0.244	0.383	2.04	2.03	0.49
0.254	0.167	0.208	0.234	0.129	0.380	0.128	0.063	1.78	1.75	1.69
0.110	0.415	0.034	0.198	0.035	0.270	0.320	0.227	2.11	2.12	0.47
0.320	0.035	0.090	0.070	0.289	0.075	0.222	0.077	1.99	1.96	1.51
0.122	0.374	0.309	0.216	0.192	0.107	0.279	0.244	1.72	1.68	2.33
0.222	0.385	0.209	0.361	0.201	0.093	0.143	0.022	2.23	2.25	0.90
0.300	0.338	0.081	0.370	0.264	0.037	0.076	0.327	1.68	1.67	0.60
0.376	0.060	0.156	0.128	0.044	0.063	0.210	0.360	1.84	1.85	0.54
0.404	0.125	0.263	0.103	0.146	0.266	0.165	0.387	1.79	1.78	0.56
0.239	0.154	0.097	0.246	0.329	0.396	0.335	0.415	2.02	2.03	0.50
0.076	0.292	0.315	0.276	0.298	0.162	0.332	0.222	1.67	1.63	2.40
0.080	0.075	0.117	0.187	0.070	0.184	0.288	0.128	1.92	1.95	1.56
0.123	0.308	0.387	0.102	0.072	0.414	0.074	0.060	1.68	1.70	1.19
0.356	0.063	0.128	0.399	0.057	0.398	0.029	0.223	1.69	1.71	1.18

y_1/m	z_1/m	x_2/m	z_2/m	y_3/m	z_3/m	x_4/m	z_4/m	R_m/m	R_p/m	C/%
0.122	0.282	0.326	0.053	0.023	0.291	0.244	0.254	2.23	2.26	1.35
0.346	0.218	0.096	0.062	0.189	0.415	0.140	0.325	1.83	1.82	0.55
0.118	0.332	0.135	0.077	0.282	0.327	0.396	0.053	2.08	2.09	0.48
0.392	0.306	0.056	0.086	0.309	0.155	0.412	0.285	2.37	2.38	0.42
0.160	0.382	0.250	0.268	0.232	0.285	0.135	0.227	1.95	1.95	0
0.099	0.376	0.293	0.250	0.064	0.118	0.340	0.088	2.16	2.14	0.93
0.120	0.154	0.239	0.041	0.273	0.138	0.378	0.396	2.21	2.19	0.90
0.266	0.300	0.190	0.392	0.070	0.292	0.259	0.256	1.95	1.95	0
0.209	0.099	0.278	0.312	0.074	0.231	0.374	0.196	2.12	2.10	0.94
0.161	0.032	0.279	0.315	0.060	0.185	0.398	0.397	1.69	1.71	1.18
0.352	0.318	0.292	0.045	0.077	0.261	0.240	0.282	2.35	2.39	1.70
0.254	0.220	0.274	0.364	0.087	0.320	0.311	0.201	1.75	1.71	2.29
0.240	0.212	0.398	0.394	0.098	0.254	0.251	0.356	1.81	1.81	0
0.387	0.382	0.104	0.414	0.147	0.241	0.030	0.233	2.24	2.21	1.34
0.134	0.264	0.304	0.364	0.146	0.254	0.199	0.242	1.99	2.01	1.01
0.323	0.267	0.114	0.334	0.107	0.225	0.278	0.292	2.22	2.26	1.80
0.322	0.364	0.068	0.225	0.120	0.053	0.228	0.167	1.92	1.89	1.56
0.172	0.342	0.263	0.091	0.377	0.308	0.169	0.116	1.82	1.86	2.20
0.247	0.251	0.200	0.180	0.301	0.418	0.395	0.252	1.63	1.59	2.45
0.050	0.093	0.204	0.074	0.242	0.162	0.352	0.367	2.14	2.15	0.47
0.042	0.116	0.285	0.032	0.094	0.408	0.360	0.183	1.94	1.96	1.03
0.232	0.375	0.328	0.396	0.105	0.158	0.169	0.065	1.96	1.96	0
0.332	0.032	0.160	0.140	0.051	0.375	0.257	0.198	2.09	2.12	1.44
0.394	0.216	0.285	0.138	0.386	0.202	0.369	0.140	1.65	1.68	1.82
0.072	0.087	0.186	0.153	0.303	0.185	0.394	0.180	1.85	1.86	0.54
0.248	0.412	0.357	0.207	0.243	0.107	0.287	0.353	2.22	2.19	1.35
0.208	0.305	0.353	0.279	0.145	0.070	0.103	0.182	2.16	2.14	0.93
0.025	0.220	0.122	0.030	0.086	0.144	0.282	0.176	1.70	1.67	1.76
0.155	0.208	0.265	0.357	0.269	0.310	0.049	0.164	1.70	1.66	2.35
0.085	0.044	0.253	0.244	0.415	0.333	0.183	0.076	1.67	1.64	1.80
0.338	0.293	0.236	0.362	0.088	0.298	0.287	0.124	1.61	1.62	0.62
0.144	0.037	0.368	0.159	0.123	0.024	0.394	0.055	1.94	1.98	2.06
0.232	0.048	0.126	0.198	0.179	0.357	0.344	0.192	2.12	2.11	0.47
0.086	0.229	0.147	0.042	0.050	0.389	0.214	0.123	2.18	2.17	0.46
0.261	0.059	0.068	0.091	0.294	0.328	0.323	0.139	2.02	2.06	1.98
0.125	0.347	0.396	0.285	0.181	0.037	0.187	0.190	1.69	1.73	2.37
0.282	0.347	0.278	0.152	0.413	0.171	0.409	0.068	2.11	2.12	0.47
0.296	0.309	0.212	0.379	0.181	0.302	0.415	0.218	1.70	1.74	2.35

y_1/m	z_1/m	x_2/m	z_2/m	y_3/m	z_3/m	x_4/m	z_4/m	R_m/m	R_p/m	C/%
0.319	0.080	0.276	0.067	0.268	0.312	0.366	0.302	1.71	1.73	1.17
0.200	0.284	0.238	0.415	0.082	0.110	0.176	0.118	1.68	1.67	0.60
0.054	0.228	0.279	0.236	0.172	0.128	0.202	0.334	1.71	1.72	0.58
0.112	0.409	0.238	0.303	0.084	0.289	0.119	0.050	1.73	1.71	1.16
0.385	0.280	0.308	0.420	0.323	0.211	0.334	0.178	1.76	1.74	1.14
0.081	0.340	0.229	0.135	0.368	0.270	0.373	0.021	1.85	1.86	0.54
0.350	0.202	0.418	0.186	0.160	0.114	0.386	0.108	1.85	1.85	0
0.235	0.193	0.108	0.206	0.294	0.091	0.243	0.020	1.77	1.76	0.56
0.418	0.350	0.062	0.326	0.138	0.352	0.260	0.096	1.80	1.81	0.56
0.051	0.053	0.064	0.347	0.232	0.327	0.080	0.077	2.31	2.33	0.87
0.197	0.073	0.046	0.060	0.353	0.394	0.380	0.127	2.16	2.17	0.46
0.063	0.089	0.182	0.091	0.259	0.063	0.200	0.090	2.04	2.04	0
0.405	0.176	0.199	0.164	0.154	0.093	0.102	0.076	1.75	1.76	0.57
0.022	0.352	0.166	0.043	0.140	0.060	0.380	0.260	1.77	1.77	0
0.330	0.341	0.326	0.229	0.201	0.216	0.325	0.380	1.66	1.63	1.81
0.347	0.044	0.271	0.154	0.189	0.097	0.373	0.396	2.33	2.35	0.86
0.368	0.180	0.329	0.090	0.164	0.378	0.134	0.108	2.17	2.21	1.84
0.054	0.231	0.393	0.104	0.243	0.060	0.289	0.213	2.05	2.04	0.49
0.180	0.187	0.409	0.382	0.317	0.038	0.286	0.170	1.85	1.89	2.16
0.124	0.283	0.097	0.290	0.190	0.243	0.069	0.230	1.73	1.72	0.58
0.340	0.271	0.076	0.207	0.192	0.329	0.183	0.126	2.10	2.13	1.43
0.192	0.137	0.298	0.385	0.070	0.145	0.130	0.047	2.39	2.39	0
0.384	0.193	0.058	0.062	0.03	0.092	0.307	0.194	1.74	1.73	0.57
0.093	0.026	0.230	0.318	0.136	0.156	0.133	0.090	1.81	1.79	1.10
0.126	0.414	0.232	0.314	0.147	0.104	0.378	0.030	1.92	1.89	1.56
0.078	0.087	0.364	0.245	0.282	0.224	0.351	0.402	1.66	1.64	1.20
0.074	0.062	0.214	0.094	0.403	0.382	0.176	0.192	2.15	2.17	0.93
0.368	0.169	0.177	0.259	0.394	0.272	0.219	0.405	1.92	1.94	1.04
0.252	0.099	0.288	0.140	0.203	0.061	0.298	0.325	2.39	2.41	0.84
0.240	0.216	0.316	0.074	0.116	0.176	0.354	0.023	1.92	1.88	2.08
0.078	0.156	0.228	0.105	0.326	0.042	0.264	0.292	2.10	2.13	1.43
0.361	0.401	0.159	0.378	0.324	0.220	0.250	0.302	1.72	1.75	1.74
0.269	0.388	0.080	0.048	0.316	0.193	0.150	0.278	1.91	1.93	1.05
0.160	0.041	0.254	0.117	0.318	0.419	0.202	0.241	1.73	1.69	2.31
0.225	0.315	0.125	0.042	0.062	0.345	0.306	0.107	2.21	2.2	0.45
0.181	0.128	0.038	0.197	0.293	0.214	0.374	0.329	2.30	2.32	0.87
0.050	0.189	0.322	0.025	0.205	0.378	0.308	0.111	1.88	1.90	1.06
0.116	0.239	0.117	0.379	0.105	0.075	0.028	0.168	2.15	2.13	0.93
0.069	0.397	0.197	0.099	0.060	0.176	0.290	0.376	1.84	1.82	1.09

y_1/m	z_1/m	x_2/m	z_2/m	y_3/m	z_3/m	x_4/m	z_4/m	R_m/m	R_p/m	C/%
0.094	0.187	0.295	0.057	0.350	0.391	0.196	0.362	2.02	2.03	0.50
0.116	0.413	0.164	0.143	0.090	0.387	0.195	0.181	2.27	2.27	0
0.187	0.140	0.314	0.202	0.086	0.306	0.067	0.147	2.08	2.09	0.48
0.040	0.300	0.178	0.061	0.286	0.267	0.346	0.264	1.87	1.85	1.07
0.381	0.286	0.293	0.418	0.378	0.157	0.150	0.384	1.84	1.81	1.63
0.398	0.236	0.302	0.153	0.227	0.394	0.118	0.384	1.96	1.99	1.53
0.216	0.299	0.197	0.139	0.301	0.070	0.157	0.257	1.94	1.96	1.03
0.216	0.287	0.028	0.045	0.082	0.312	0.170	0.153	1.89	1.92	1.59
0.155	0.091	0.152	0.139	0.401	0.278	0.239	0.361	2.05	2.02	1.46
0.380	0.071	0.190	0.038	0.236	0.353	0.245	0.197	2.19	2.16	1.37
0.168	0.420	0.128	0.222	0.292	0.179	0.178	0.382	1.94	1.91	1.55
0.064	0.088	0.099	0.324	0.035	0.320	0.179	0.033	1.94	1.94	0
0.332	0.033	0.349	0.272	0.344	0.354	0.226	0.233	1.70	1.68	1.18
0.176	0.244	0.192	0.056	0.320	0.149	0.283	0.306	1.62	1.65	1.85
0.117	0.373	0.375	0.052	0.068	0.241	0.400	0.092	1.83	1.80	1.64
0.182	0.288	0.176	0.331	0.230	0.412	0.309	0.155	1.85	1.81	2.16
0.058	0.096	0.328	0.382	0.150	0.240	0.180	0.095	2.12	2.12	0
0.073	0.168	0.179	0.234	0.238	0.152	0.353	0.149	2.37	2.39	0.84
0.397	0.204	0.344	0.064	0.180	0.268	0.074	0.182	2.35	2.33	0.85
0.402	0.413	0.322	0.350	0.186	0.164	0.044	0.240	1.97	1.94	1.52
0.250	0.082	0.171	0.155	0.092	0.323	0.054	0.040	1.79	1.78	0.56
0.044	0.362	0.106	0.138	0.122	0.186	0.086	0.241	2.21	2.19	0.90
0.114	0.278	0.336	0.318	0.028	0.217	0.150	0.130	2.21	2.21	0
0.161	0.170	0.400	0.024	0.390	0.298	0.141	0.117	2.19	2.22	1.37
0.348	0.096	0.151	0.039	0.282	0.409	0.025	0.117	2.19	2.20	0.46
0.026	0.191	0.288	0.287	0.393	0.151	0.236	0.082	1.68	1.65	1.79
0.037	0.213	0.196	0.261	0.086	0.355	0.058	0.402	2.15	2.14	0.47
0.088	0.068	0.354	0.230	0.388	0.316	0.079	0.394	1.97	1.93	2.03
0.280	0.256	0.328	0.312	0.338	0.402	0.272	0.348	1.77	1.77	0
0.313	0.110	0.087	0.303	0.251	0.033	0.364	0.311	1.68	1.67	0.60
0.279	0.174	0.365	0.332	0.196	0.163	0.410	0.090	2.26	2.30	1.77
0.200	0.253	0.416	0.135	0.123	0.285	0.248	0.164	1.74	1.76	1.15
0.239	0.121	0.226	0.297	0.321	0.133	0.419	0.096	1.73	1.73	0
0.138	0.136	0.374	0.243	0.112	0.112	0.242	0.020	2.13	2.16	1.41
0.318	0.267	0.255	0.179	0.046	0.304	0.226	0.146	2.32	2.29	1.29
0.096	0.126	0.082	0.045	0.327	0.270	0.152	0.300	2.01	2.00	0.50
0.295	0.350	0.100	0.332	0.288	0.256	0.192	0.270	2.16	2.19	1.39
0.094	0.413	0.183	0.155	0.306	0.284	0.217	0.237	1.72	1.75	1.74

y_1/m	z_1/m	x_2/m	z_2/m	y_3/m	z_3/m	x_4/m	z_4/m	R_m/m	R_p/m	C/%
0.167	0.312	0.320	0.263	0.277	0.039	0.048	0.196	2.36	2.38	0.85
0.270	0.158	0.350	0.316	0.188	0.160	0.375	0.135	2.03	2.04	0.49
0.332	0.254	0.336	0.062	0.176	0.200	0.046	0.221	2.14	2.13	0.47
0.052	0.063	0.148	0.071	0.346	0.116	0.194	0.325	1.63	1.66	1.84
0.392	0.382	0.234	0.240	0.147	0.306	0.351	0.325	2.25	2.22	1.33
0.330	0.372	0.056	0.214	0.346	0.362	0.178	0.250	2.20	2.22	0.91
0.215	0.347	0.065	0.376	0.336	0.133	0.265	0.319	1.70	1.71	0.59
0.194	0.124	0.074	0.340	0.361	0.312	0.348	0.278	2.02	2.05	1.49
0.199	0.258	0.292	0.314	0.222	0.075	0.374	0.069	1.86	1.85	0.54
0.142	0.029	0.218	0.040	0.274	0.355	0.392	0.222	2.04	2.06	0.98
0.224	0.190	0.096	0.049	0.400	0.076	0.096	0.159	1.92	1.95	1.56
0.224	0.145	0.218	0.056	0.198	0.255	0.124	0.057	1.93	1.92	0.52
0.347	0.084	0.079	0.339	0.044	0.166	0.379	0.079	1.74	1.74	0
0.338	0.092	0.042	0.397	0.367	0.343	0.257	0.099	1.80	1.84	2.22

附　录　B

表 B.1　三维分布样本测试数据及预测结果

x_1/m	y_1/m	z_1/m	x_2/m	y_2/m	z_2/m	x_3/m	y_3/m	z_3/m	x_4/m	y_4/m
0.815	0.278	0.216	0.680	0.714	0.094	0.585	0.877	0.139	0.839	0.081
0.906	0.547	0.189	0.550	0.475	0.244	0.891	0.188	0.131	0.135	0.674
0.127	0.957	0.117	0.312	0.401	0.205	0.461	0.719	0.044	0.764	0.314
0.913	0.962	0.165	0.079	0.831	0.188	0.430	0.551	0.073	0.413	0.957
0.632	0.157	0.203	0.825	0.093	0.246	0.643	0.213	0.179	0.322	0.209
0.097	0.970	0.079	0.589	0.394	0.185	0.743	0.675	0.163	0.064	0.551
0.900	0.356	0.183	0.057	0.170	0.083	0.389	0.316	0.078	0.694	0.584
0.384	0.143	0.047	0.899	0.082	0.148	0.458	0.622	0.113	0.816	0.499
0.484	0.586	0.176	0.049	0.682	0.139	0.632	0.257	0.172	0.086	0.466
0.259	0.620	0.052	0.630	0.880	0.139	0.716	0.490	0.148	0.266	0.181
0.529	0.759	0.195	0.766	0.393	0.239	0.623	0.738	0.217	0.914	0.278
0.233	0.718	0.247	0.524	0.264	0.165	0.760	0.611	0.061	0.141	0.705
0.312	0.768	0.188	0.308	0.875	0.074	0.072	0.268	0.242	0.921	0.957
0.529	0.637	0.196	0.618	0.686	0.243	0.133	0.641	0.072	0.358	0.551
0.507	0.879	0.162	0.431	0.864	0.167	0.078	0.344	0.194	0.85	0.632
0.499	0.598	0.239	0.543	0.912	0.203	0.188	0.150	0.248	0.294	0.666
0.879	0.718	0.060	0.216	0.902	0.163	0.808	0.644	0.139	0.697	0.917
0.712	0.696	0.232	0.725	0.957	0.186	0.555	0.912	0.137	0.086	0.377
0.868	0.675	0.143	0.236	0.405	0.214	0.198	0.814	0.168	0.139	0.472
0.781	0.886	0.110	0.132	0.647	0.086	0.904	0.175	0.242	0.830	0.158
0.452	0.932	0.220	0.865	0.797	0.093	0.539	0.672	0.099	0.430	0.113
0.256	0.343	0.046	0.797	0.613	0.165	0.804	0.651	0.236	0.558	0.540
0.102	0.127	0.085	0.852	0.684	0.075	0.332	0.510	0.094	0.714	0.659
0.301	0.782	0.142	0.121	0.490	0.179	0.254	0.440	0.204	0.924	0.816
0.437	0.668	0.229	0.684	0.508	0.194	0.686	0.393	0.105	0.094	0.590
0.459	0.199	0.192	0.197	0.757	0.070	0.518	0.815	0.097	0.150	0.097
0.941	0.483	0.223	0.806	0.077	0.128	0.303	0.271	0.071	0.160	0.719
0.893	0.904	0.125	0.710	0.869	0.085	0.065	0.308	0.246	0.779	0.181
0.590	0.167	0.060	0.754	0.713	0.099	0.181	0.556	0.053	0.187	0.118
0.577	0.647	0.046	0.742	0.607	0.184	0.761	0.617	0.197	0.523	0.085
0.144	0.219	0.148	0.093	0.735	0.200	0.517	0.454	0.104	0.692	0.114
0.407	0.616	0.145	0.601	0.302	0.115	0.423	0.835	0.184	0.951	0.236
0.907	0.611	0.205	0.867	0.230	0.166	0.140	0.918	0.175	0.602	0.397

续表

x_1/m	y_1/m	z_1/m	x_2/m	y_2/m	z_2/m	x_3/m	y_3/m	z_3/m	x_4/m	y_4/m
0.237	0.446	0.211	0.515	0.640	0.076	0.621	0.791	0.065	0.308	0.305
0.197	0.646	0.193	0.506	0.894	0.092	0.157	0.702	0.131	0.547	0.178
0.359	0.451	0.202	0.275	0.780	0.051	0.574	0.152	0.099	0.537	0.623
0.611	0.823	0.110	0.934	0.362	0.075	0.210	0.116	0.067	0.868	0.145
0.441	0.691	0.163	0.575	0.289	0.207	0.495	0.812	0.154	0.105	0.716
0.423	0.434	0.209	0.931	0.725	0.053	0.349	0.363	0.110	0.945	0.859
0.302	0.611	0.074	0.078	0.705	0.060	0.230	0.873	0.054	0.873	0.447
0.873	0.630	0.165	0.214	0.828	0.131	0.137	0.572	0.058	0.904	0.415
0.668	0.857	0.239	0.518	0.885	0.042	0.181	0.087	0.126	0.658	0.421
0.136	0.954	0.132	0.630	0.287	0.076	0.843	0.238	0.194	0.708	0.848
0.117	0.710	0.095	0.353	0.673	0.246	0.706	0.175	0.217	0.126	0.525
0.052	0.505	0.236	0.636	0.609	0.154	0.043	0.423	0.126	0.165	0.158
0.885	0.085	0.077	0.367	0.106	0.232	0.786	0.847	0.187	0.786	0.235
0.378	0.140	0.248	0.822	0.213	0.244	0.266	0.126	0.131	0.818	0.195
0.428	0.830	0.192	0.539	0.349	0.066	0.855	0.895	0.086	0.135	0.366
0.570	0.883	0.151	0.659	0.326	0.041	0.812	0.901	0.191	0.735	0.375
0.211	0.658	0.099	0.276	0.427	0.043	0.367	0.284	0.126	0.335	0.548
0.060	0.465	0.066	0.152	0.121	0.244	0.330	0.073	0.233	0.259	0.161
0.645	0.924	0.068	0.077	0.555	0.116	0.182	0.469	0.175	0.812	0.694
0.462	0.114	0.197	0.857	0.654	0.133	0.397	0.578	0.120	0.428	0.367
0.224	0.395	0.112	0.733	0.146	0.131	0.321	0.709	0.115	0.647	0.635
0.221	0.055	0.118	0.778	0.330	0.083	0.795	0.347	0.075	0.073	0.431
0.678	0.585	0.126	0.446	0.942	0.139	0.297	0.099	0.161	0.722	0.737
0.728	0.563	0.215	0.109	0.855	0.185	0.823	0.860	0.185	0.958	0.264
0.540	0.051	0.170	0.182	0.061	0.134	0.220	0.803	0.168	0.393	0.213
0.524	0.583	0.076	0.267	0.834	0.128	0.367	0.383	0.239	0.527	0.181
0.414	0.371	0.059	0.113	0.265	0.088	0.358	0.744	0.199	0.761	0.952
0.552	0.063	0.091	0.825	0.439	0.221	0.579	0.442	0.084	0.189	0.937
0.712	0.940	0.059	0.185	0.165	0.237	0.460	0.517	0.169	0.869	0.888
0.310	0.162	0.077	0.607	0.238	0.106	0.075	0.555	0.188	0.325	0.455
0.762	0.547	0.078	0.526	0.753	0.244	0.390	0.266	0.219	0.665	0.226
0.110	0.834	0.102	0.216	0.120	0.227	0.543	0.158	0.143	0.462	0.386
0.474	0.668	0.172	0.739	0.408	0.213	0.103	0.602	0.221	0.651	0.724
0.407	0.072	0.200	0.606	0.583	0.175	0.236	0.604	0.183	0.668	0.869
0.878	0.445	0.148	0.180	0.221	0.215	0.750	0.256	0.066	0.263	0.832
0.434	0.445	0.184	0.458	0.681	0.050	0.620	0.829	0.237	0.540	0.935
0.909	0.745	0.105	0.668	0.586	0.164	0.784	0.146	0.041	0.191	0.179
0.412	0.960	0.101	0.299	0.467	0.248	0.060	0.852	0.074	0.874	0.153

x_1/m	y_1/m	z_1/m	x_2/m	y_2/m	z_2/m	x_3/m	y_3/m	z_3/m	x_4/m	y_4/m
0.263	0.277	0.121	0.615	0.262	0.094	0.051	0.398	0.173	0.567	0.218
0.843	0.855	0.104	0.906	0.42	0.062	0.407	0.316	0.083	0.818	0.277
0.494	0.086	0.127	0.561	0.749	0.091	0.233	0.733	0.183	0.938	0.710
0.430	0.345	0.135	0.678	0.073	0.108	0.581	0.284	0.156	0.773	0.245
0.548	0.711	0.089	0.940	0.599	0.157	0.797	0.524	0.204	0.550	0.589
0.269	0.499	0.233	0.867	0.113	0.102	0.729	0.251	0.097	0.843	0.200
0.277	0.543	0.212	0.637	0.422	0.189	0.895	0.092	0.092	0.286	0.569
0.233	0.247	0.24	0.944	0.947	0.132	0.523	0.802	0.236	0.906	0.462
0.574	0.153	0.214	0.191	0.815	0.218	0.536	0.147	0.071	0.951	0.852
0.808	0.486	0.090	0.509	0.088	0.092	0.654	0.539	0.087	0.884	0.046
0.824	0.844	0.167	0.617	0.709	0.212	0.842	0.615	0.160	0.074	0.378
0.632	0.630	0.154	0.776	0.146	0.213	0.207	0.040	0.18	0.579	0.19
0.946	0.452	0.204	0.424	0.487	0.094	0.683	0.191	0.100	0.427	0.110
0.941	0.166	0.224	0.090	0.839	0.194	0.214	0.049	0.150	0.082	0.869
0.668	0.170	0.117	0.518	0.055	0.179	0.224	0.733	0.086	0.891	0.434
0.763	0.944	0.212	0.164	0.793	0.205	0.749	0.687	0.159	0.731	0.543
0.361	0.934	0.189	0.378	0.761	0.198	0.528	0.368	0.117	0.096	0.120
0.758	0.435	0.186	0.681	0.218	0.249	0.044	0.657	0.143	0.704	0.582
0.083	0.736	0.090	0.159	0.880	0.202	0.919	0.124	0.132	0.303	0.415
0.365	0.554	0.068	0.763	0.669	0.225	0.847	0.797	0.236	0.927	0.604
0.368	0.736	0.102	0.086	0.857	0.114	0.843	0.429	0.238	0.177	0.077
0.159	0.938	0.067	0.790	0.696	0.210	0.495	0.133	0.218	0.589	0.084
0.944	0.079	0.121	0.838	0.486	0.244	0.529	0.130	0.061	0.468	0.461
0.422	0.363	0.243	0.221	0.807	0.090	0.070	0.138	0.213	0.418	0.794
0.414	0.479	0.088	0.599	0.123	0.129	0.730	0.609	0.100	0.850	0.683
0.760	0.201	0.099	0.957	0.063	0.249	0.738	0.225	0.151	0.247	0.546
0.439	0.367	0.192	0.079	0.349	0.168	0.577	0.429	0.062	0.540	0.225
0.570	0.857	0.070	0.168	0.488	0.044	0.381	0.784	0.135	0.912	0.627
0.638	0.104	0.218	0.245	0.247	0.241	0.493	0.343	0.103	0.641	0.082
0.070	0.125	0.201	0.576	0.550	0.052	0.525	0.291	0.169	0.071	0.703
0.412	0.229	0.210	0.657	0.667	0.243	0.453	0.793	0.115	0.398	0.430
0.922	0.606	0.229	0.705	0.808	0.127	0.171	0.230	0.168	0.844	0.515
0.588	0.292	0.226	0.504	0.864	0.219	0.641	0.642	0.219	0.397	0.878
0.898	0.728	0.043	0.633	0.443	0.226	0.661	0.570	0.219	0.727	0.730
0.902	0.321	0.157	0.073	0.408	0.141	0.730	0.559	0.155	0.722	0.925
0.735	0.744	0.204	0.218	0.445	0.059	0.321	0.33	0.174	0.251	0.737
0.536	0.273	0.057	0.730	0.325	0.143	0.780	0.174	0.106	0.890	0.443
0.798	0.657	0.091	0.324	0.451	0.172	0.316	0.160	0.056	0.198	0.459

x_1/m	y_1/m	z_1/m	x_2/m	y_2/m	z_2/m	x_3/m	y_3/m	z_3/m	x_4/m	y_4/m
0.050	0.161	0.136	0.729	0.927	0.167	0.292	0.815	0.042	0.804	0.511
0.727	0.907	0.138	0.824	0.465	0.162	0.289	0.477	0.174	0.418	0.255
0.135	0.449	0.227	0.131	0.496	0.181	0.742	0.253	0.141	0.749	0.445
0.085	0.369	0.097	0.590	0.060	0.122	0.333	0.759	0.050	0.353	0.173
0.211	0.196	0.066	0.703	0.217	0.048	0.368	0.668	0.156	0.860	0.522
0.475	0.499	0.090	0.563	0.866	0.059	0.661	0.188	0.112	0.827	0.411
0.049	0.456	0.094	0.256	0.398	0.248	0.071	0.170	0.044	0.161	0.091
0.830	0.101	0.057	0.878	0.134	0.095	0.178	0.655	0.175	0.668	0.375
0.476	0.857	0.181	0.915	0.362	0.049	0.428	0.646	0.155	0.178	0.131
0.178	0.875	0.150	0.515	0.204	0.195	0.236	0.632	0.127	0.418	0.601
0.266	0.760	0.184	0.691	0.269	0.114	0.739	0.212	0.209	0.546	0.246
0.092	0.474	0.143	0.775	0.630	0.200	0.632	0.796	0.073	0.548	0.574
0.229	0.772	0.099	0.224	0.938	0.205	0.812	0.605	0.198	0.751	0.344
0.468	0.846	0.150	0.138	0.887	0.046	0.231	0.898	0.142	0.721	0.727
0.464	0.658	0.234	0.609	0.090	0.209	0.443	0.649	0.128	0.875	0.759
0.363	0.105	0.198	0.060	0.871	0.232	0.714	0.269	0.183	0.467	0.150
0.446	0.155	0.144	0.075	0.215	0.241	0.136	0.083	0.249	0.409	0.437
0.343	0.431	0.227	0.146	0.953	0.237	0.449	0.074	0.246	0.908	0.174
0.566	0.760	0.232	0.793	0.340	0.226	0.491	0.701	0.250	0.128	0.132
0.953	0.582	0.136	0.387	0.249	0.216	0.679	0.264	0.149	0.554	0.513
0.700	0.474	0.109	0.251	0.908	0.231	0.896	0.174	0.180	0.332	0.210
0.372	0.071	0.111	0.379	0.786	0.159	0.183	0.080	0.210	0.909	0.707
0.567	0.206	0.094	0.201	0.890	0.225	0.088	0.784	0.088	0.609	0.076
0.390	0.897	0.089	0.753	0.701	0.084	0.600	0.813	0.181	0.467	0.201
0.382	0.584	0.116	0.344	0.849	0.205	0.264	0.251	0.149	0.849	0.821
0.430	0.506	0.100	0.331	0.836	0.128	0.554	0.728	0.091	0.714	0.804
0.724	0.241	0.247	0.707	0.369	0.173	0.664	0.299	0.132	0.582	0.228
0.371	0.916	0.143	0.578	0.165	0.249	0.469	0.351	0.171	0.133	0.489
0.616	0.373	0.185	0.756	0.781	0.070	0.646	0.343	0.179	0.060	0.533
0.825	0.462	0.072	0.371	0.667	0.117	0.784	0.101	0.177	0.118	0.220
0.150	0.804	0.133	0.210	0.437	0.044	0.828	0.111	0.233	0.459	0.881
0.200	0.767	0.074	0.568	0.911	0.148	0.694	0.495	0.168	0.213	0.300
0.915	0.446	0.124	0.484	0.915	0.170	0.282	0.386	0.052	0.109	0.915
0.939	0.614	0.165	0.428	0.07	0.071	0.312	0.423	0.127	0.343	0.669
0.272	0.919	0.217	0.332	0.294	0.063	0.211	0.610	0.139	0.249	0.608
0.302	0.650	0.231	0.935	0.102	0.241	0.591	0.650	0.099	0.350	0.545
0.811	0.285	0.070	0.278	0.801	0.229	0.756	0.625	0.097	0.548	0.756
0.778	0.705	0.158	0.562	0.405	0.208	0.128	0.353	0.162	0.931	0.255

x_1/m	y_1/m	z_1/m	x_2/m	y_2/m	z_2/m	x_3/m	y_3/m	z_3/m	x_4/m	y_4/m
0.380	0.556	0.122	0.364	0.575	0.059	0.417	0.725	0.152	0.249	0.147
0.374	0.935	0.104	0.327	0.356	0.045	0.621	0.680	0.115	0.408	0.365
0.290	0.317	0.197	0.049	0.934	0.215	0.744	0.580	0.155	0.952	0.132
0.279	0.497	0.245	0.655	0.595	0.071	0.514	0.852	0.059	0.465	0.39
0.955	0.301	0.115	0.855	0.654	0.234	0.083	0.921	0.100	0.946	0.940
0.083	0.108	0.146	0.428	0.834	0.236	0.445	0.831	0.143	0.499	0.605
0.662	0.142	0.207	0.830	0.426	0.062	0.759	0.335	0.158	0.949	0.570
0.502	0.109	0.184	0.912	0.108	0.224	0.952	0.651	0.128	0.535	0.454
0.144	0.956	0.095	0.386	0.842	0.125	0.821	0.873	0.147	0.162	0.450
0.464	0.592	0.172	0.227	0.679	0.069	0.095	0.671	0.123	0.352	0.415
0.701	0.766	0.100	0.205	0.814	0.207	0.745	0.959	0.071	0.711	0.867
0.924	0.832	0.067	0.322	0.662	0.068	0.707	0.499	0.226	0.422	0.423
0.527	0.801	0.200	0.822	0.685	0.143	0.734	0.291	0.114	0.891	0.666
0.901	0.902	0.175	0.524	0.864	0.199	0.225	0.678	0.162	0.105	0.073
0.950	0.073	0.148	0.802	0.580	0.241	0.338	0.955	0.164	0.389	0.204
0.468	0.169	0.186	0.138	0.339	0.238	0.589	0.234	0.172	0.560	0.126
0.375	0.707	0.133	0.608	0.955	0.108	0.939	0.422	0.167	0.736	0.155
0.123	0.842	0.077	0.561	0.231	0.234	0.455	0.189	0.189	0.715	0.213
0.817	0.384	0.240	0.280	0.303	0.172	0.497	0.270	0.192	0.391	0.468
0.421	0.239	0.045	0.042	0.806	0.175	0.934	0.402	0.127	0.872	0.198
0.737	0.570	0.160	0.304	0.749	0.168	0.742	0.353	0.079	0.218	0.519
0.550	0.064	0.249	0.796	0.225	0.050	0.941	0.894	0.045	0.859	0.661
0.478	0.080	0.075	0.864	0.744	0.182	0.227	0.457	0.125	0.278	0.839
0.285	0.899	0.146	0.956	0.607	0.243	0.069	0.524	0.222	0.421	0.736
0.164	0.410	0.126	0.048	0.927	0.234	0.185	0.501	0.224	0.043	0.945
0.111	0.762	0.237	0.714	0.503	0.127	0.702	0.786	0.209	0.542	0.242
0.819	0.263	0.143	0.118	0.480	0.108	0.755	0.780	0.155	0.357	0.199
0.350	0.600	0.188	0.623	0.579	0.066	0.633	0.148	0.185	0.634	0.889
0.660	0.862	0.116	0.781	0.941	0.197	0.351	0.609	0.183	0.898	0.867
0.136	0.619	0.113	0.804	0.361	0.107	0.642	0.751	0.211	0.581	0.387
0.580	0.890	0.237	0.562	0.280	0.046	0.082	0.302	0.067	0.280	0.166
0.146	0.956	0.192	0.279	0.583	0.193	0.838	0.288	0.076	0.868	0.171
0.269	0.178	0.214	0.762	0.726	0.183	0.135	0.469	0.187	0.056	0.046
0.421	0.063	0.143	0.196	0.115	0.148	0.911	0.382	0.114	0.250	0.783
0.698	0.878	0.159	0.292	0.385	0.21	0.389	0.481	0.172	0.700	0.799
0.840	0.176	0.193	0.045	0.120	0.228	0.164	0.443	0.214	0.132	0.882
0.790	0.123	0.180	0.406	0.333	0.248	0.328	0.275	0.094	0.700	0.361
0.254	0.698	0.092	0.064	0.457	0.125	0.867	0.170	0.222	0.260	0.460

x_1/m	y_1/m	z_1/m	x_2/m	y_2/m	z_2/m	x_3/m	y_3/m	z_3/m	x_4/m	y_4/m
0.359	0.201	0.103	0.826	0.188	0.090	0.758	0.285	0.240	0.420	0.634
0.924	0.187	0.141	0.229	0.095	0.069	0.218	0.361	0.136	0.306	0.660
0.317	0.481	0.241	0.832	0.449	0.131	0.200	0.272	0.109	0.179	0.938
0.182	0.913	0.176	0.092	0.302	0.216	0.862	0.056	0.073	0.325	0.604
0.725	0.722	0.183	0.246	0.223	0.184	0.749	0.455	0.210	0.623	0.894
0.300	0.659	0.238	0.082	0.509	0.104	0.769	0.872	0.209	0.061	0.894
0.343	0.105	0.250	0.731	0.058	0.118	0.236	0.644	0.184	0.614	0.958
0.041	0.322	0.128	0.682	0.804	0.077	0.218	0.172	0.087	0.224	0.287
0.559	0.902	0.201	0.885	0.224	0.115	0.635	0.278	0.110	0.405	0.910
0.449	0.828	0.134	0.876	0.432	0.094	0.142	0.768	0.051	0.469	0.143
0.188	0.860	0.182	0.781	0.714	0.121	0.505	0.709	0.075	0.774	0.840
0.687	0.581	0.060	0.960	0.525	0.081	0.67	0.797	0.122	0.243	0.141
0.541	0.190	0.184	0.777	0.288	0.134	0.184	0.901	0.228	0.392	0.866
0.274	0.202	0.100	0.337	0.746	0.057	0.384	0.216	0.179	0.874	0.624
0.402	0.728	0.089	0.063	0.918	0.095	0.784	0.525	0.109	0.154	0.593

z_4/m	x_5/m	y_5/m	z_5/m	x_6/m	y_6/m	z_6/m	x_7/m	y_7/m	z_7/m	x_8/m
0.213	0.269	0.532	0.147	0.928	0.567	0.249	0.393	0.583	0.246	0.274
0.091	0.358	0.115	0.165	0.910	0.319	0.170	0.846	0.372	0.160	0.617
0.231	0.947	0.167	0.139	0.492	0.752	0.212	0.922	0.702	0.053	0.517
0.101	0.614	0.070	0.127	0.194	0.053	0.166	0.620	0.349	0.058	0.495
0.171	0.589	0.292	0.148	0.694	0.286	0.051	0.296	0.480	0.245	0.267
0.209	0.571	0.740	0.073	0.736	0.898	0.052	0.126	0.246	0.134	0.099
0.047	0.411	0.904	0.091	0.481	0.811	0.131	0.226	0.430	0.228	0.195
0.225	0.542	0.054	0.081	0.810	0.061	0.184	0.724	0.612	0.231	0.652
0.248	0.755	0.099	0.187	0.810	0.928	0.181	0.667	0.124	0.242	0.690
0.176	0.473	0.654	0.155	0.565	0.406	0.115	0.527	0.177	0.203	0.829
0.120	0.121	0.558	0.061	0.760	0.514	0.143	0.810	0.178	0.239	0.288
0.194	0.899	0.258	0.113	0.478	0.713	0.076	0.469	0.122	0.183	0.061
0.233	0.080	0.861	0.226	0.755	0.549	0.064	0.337	0.664	0.190	0.553
0.144	0.637	0.465	0.064	0.864	0.945	0.161	0.580	0.549	0.069	0.223
0.078	0.714	0.597	0.223	0.920	0.532	0.118	0.628	0.781	0.057	0.887
0.139	0.126	0.329	0.190	0.161	0.630	0.115	0.056	0.408	0.064	0.293
0.055	0.763	0.164	0.075	0.616	0.350	0.060	0.074	0.568	0.118	0.251
0.232	0.891	0.894	0.225	0.730	0.944	0.247	0.091	0.290	0.243	0.517
0.147	0.559	0.921	0.056	0.216	0.855	0.129	0.099	0.598	0.116	0.276
0.093	0.458	0.950	0.188	0.448	0.138	0.201	0.106	0.880	0.235	0.055
0.125	0.770	0.245	0.181	0.309	0.611	0.197	0.928	0.566	0.060	0.938
0.241	0.301	0.379	0.184	0.441	0.841	0.222	0.117	0.946	0.066	0.867

续表

z_4/m	x_5/m	y_5/m	z_5/m	x_6/m	y_6/m	z_6/m	x_7/m	y_7/m	z_7/m	x_8/m
0.178	0.953	0.696	0.248	0.666	0.582	0.210	0.459	0.057	0.143	0.922
0.202	0.947	0.067	0.053	0.273	0.744	0.150	0.920	0.464	0.234	0.817
0.064	0.533	0.589	0.171	0.842	0.728	0.094	0.508	0.504	0.068	0.390
0.095	0.863	0.360	0.142	0.533	0.156	0.225	0.233	0.697	0.070	0.122
0.210	0.257	0.449	0.104	0.879	0.626	0.218	0.959	0.675	0.110	0.714
0.199	0.480	0.174	0.071	0.469	0.871	0.044	0.932	0.953	0.136	0.668
0.129	0.875	0.203	0.241	0.383	0.347	0.053	0.659	0.287	0.042	0.440
0.185	0.651	0.576	0.242	0.678	0.492	0.185	0.110	0.547	0.126	0.172
0.184	0.441	0.426	0.224	0.736	0.247	0.095	0.235	0.094	0.078	0.323
0.078	0.826	0.318	0.198	0.876	0.743	0.044	0.082	0.271	0.223	0.666
0.043	0.404	0.459	0.120	0.097	0.412	0.164	0.505	0.535	0.155	0.504
0.046	0.471	0.412	0.170	0.761	0.923	0.048	0.914	0.489	0.221	0.716
0.061	0.454	0.861	0.189	0.194	0.603	0.062	0.571	0.320	0.051	0.636
0.217	0.338	0.427	0.052	0.806	0.365	0.116	0.444	0.170	0.147	0.102
0.062	0.841	0.722	0.159	0.159	0.232	0.042	0.594	0.355	0.071	0.955
0.107	0.853	0.286	0.154	0.493	0.111	0.138	0.237	0.812	0.132	0.207
0.193	0.356	0.265	0.245	0.812	0.578	0.065	0.659	0.620	0.136	0.464
0.117	0.918	0.192	0.065	0.572	0.283	0.191	0.338	0.266	0.107	0.556
0.147	0.325	0.599	0.173	0.294	0.577	0.180	0.623	0.480	0.234	0.644
0.094	0.897	0.606	0.071	0.373	0.074	0.157	0.367	0.954	0.192	0.787
0.161	0.189	0.893	0.085	0.532	0.865	0.159	0.180	0.708	0.174	0.754
0.138	0.917	0.922	0.047	0.903	0.201	0.138	0.118	0.067	0.239	0.313
0.194	0.848	0.778	0.203	0.301	0.703	0.118	0.720	0.548	0.193	0.206
0.062	0.507	0.604	0.094	0.629	0.149	0.047	0.810	0.628	0.150	0.815
0.246	0.057	0.857	0.205	0.075	0.479	0.222	0.378	0.388	0.176	0.642
0.127	0.756	0.517	0.168	0.737	0.723	0.242	0.157	0.275	0.195	0.599
0.207	0.371	0.466	0.046	0.212	0.531	0.231	0.107	0.554	0.223	0.479
0.130	0.821	0.267	0.231	0.509	0.624	0.199	0.861	0.734	0.222	0.603
0.210	0.438	0.737	0.119	0.585	0.921	0.100	0.256	0.129	0.088	0.388
0.142	0.597	0.587	0.127	0.260	0.264	0.109	0.746	0.424	0.103	0.837
0.153	0.387	0.044	0.234	0.487	0.619	0.139	0.488	0.497	0.126	0.482
0.042	0.704	0.641	0.136	0.887	0.726	0.160	0.773	0.830	0.080	0.464
0.167	0.331	0.919	0.243	0.374	0.824	0.167	0.324	0.588	0.081	0.317
0.088	0.913	0.499	0.081	0.098	0.657	0.09	0.508	0.628	0.071	0.550
0.185	0.822	0.596	0.205	0.598	0.931	0.161	0.783	0.094	0.220	0.570
0.149	0.754	0.696	0.216	0.200	0.043	0.117	0.730	0.486	0.235	0.173
0.081	0.316	0.098	0.202	0.621	0.114	0.097	0.833	0.159	0.204	0.704
0.216	0.843	0.208	0.121	0.368	0.562	0.247	0.549	0.659	0.073	0.224

z_4/m	x_5/m	y_5/m	z_5/m	x_6/m	y_6/m	z_6/m	x_7/m	y_7/m	z_7/m	x_8/m
0.060	0.385	0.848	0.239	0.676	0.350	0.176	0.772	0.746	0.193	0.297
0.097	0.775	0.763	0.153	0.091	0.598	0.122	0.914	0.153	0.081	0.683
0.134	0.791	0.904	0.155	0.341	0.154	0.064	0.726	0.701	0.136	0.215
0.161	0.959	0.316	0.102	0.604	0.575	0.105	0.097	0.669	0.220	0.428
0.063	0.081	0.829	0.197	0.944	0.839	0.049	0.215	0.071	0.068	0.231
0.063	0.258	0.792	0.065	0.458	0.160	0.120	0.727	0.896	0.169	0.168
0.043	0.436	0.804	0.075	0.273	0.375	0.192	0.140	0.529	0.174	0.789
0.129	0.819	0.441	0.248	0.074	0.122	0.203	0.939	0.227	0.198	0.342
0.103	0.396	0.537	0.054	0.560	0.208	0.061	0.751	0.565	0.094	0.482
0.097	0.153	0.881	0.199	0.082	0.604	0.233	0.955	0.674	0.155	0.102
0.178	0.882	0.590	0.131	0.903	0.892	0.184	0.332	0.283	0.237	0.115
0.201	0.208	0.046	0.070	0.458	0.719	0.064	0.715	0.439	0.240	0.332
0.231	0.584	0.291	0.051	0.840	0.045	0.199	0.790	0.759	0.167	0.329
0.141	0.787	0.166	0.243	0.893	0.457	0.197	0.422	0.889	0.210	0.351
0.224	0.280	0.692	0.088	0.667	0.549	0.212	0.451	0.403	0.106	0.642
0.057	0.947	0.078	0.121	0.369	0.372	0.166	0.57	0.399	0.097	0.427
0.182	0.446	0.442	0.071	0.778	0.063	0.159	0.742	0.653	0.130	0.806
0.195	0.247	0.666	0.162	0.570	0.658	0.213	0.609	0.918	0.197	0.844
0.121	0.210	0.548	0.131	0.666	0.663	0.243	0.330	0.885	0.138	0.546
0.178	0.682	0.204	0.062	0.576	0.388	0.050	0.777	0.379	0.247	0.351
0.044	0.845	0.119	0.041	0.876	0.440	0.074	0.742	0.558	0.218	0.539
0.166	0.747	0.212	0.123	0.866	0.530	0.214	0.266	0.776	0.108	0.271
0.110	0.281	0.379	0.225	0.460	0.088	0.042	0.507	0.866	0.078	0.379
0.064	0.947	0.897	0.102	0.208	0.253	0.178	0.175	0.890	0.220	0.822
0.180	0.081	0.681	0.184	0.342	0.432	0.219	0.159	0.420	0.221	0.836
0.154	0.357	0.193	0.195	0.062	0.171	0.118	0.648	0.227	0.062	0.108
0.077	0.659	0.752	0.230	0.047	0.949	0.192	0.107	0.224	0.200	0.909
0.123	0.092	0.420	0.191	0.779	0.820	0.121	0.225	0.043	0.069	0.054
0.143	0.090	0.692	0.175	0.263	0.894	0.236	0.823	0.945	0.167	0.113
0.132	0.560	0.346	0.182	0.769	0.843	0.139	0.588	0.887	0.206	0.734
0.173	0.639	0.547	0.194	0.775	0.403	0.150	0.663	0.754	0.084	0.383
0.072	0.258	0.957	0.229	0.229	0.387	0.047	0.928	0.771	0.047	0.233
0.235	0.617	0.654	0.236	0.492	0.064	0.087	0.781	0.548	0.209	0.809
0.223	0.528	0.858	0.133	0.822	0.753	0.210	0.731	0.695	0.048	0.829
0.096	0.513	0.370	0.114	0.616	0.364	0.063	0.775	0.098	0.196	0.751
0.147	0.685	0.439	0.235	0.238	0.222	0.133	0.292	0.097	0.111	0.360
0.143	0.384	0.714	0.240	0.935	0.674	0.182	0.420	0.598	0.127	0.930
0.049	0.605	0.955	0.054	0.534	0.235	0.137	0.292	0.267	0.081	0.339

z_4/m	x_5/m	y_5/m	z_5/m	x_6/m	y_6/m	z_6/m	x_7/m	y_7/m	z_7/m	x_8/m
0.125	0.323	0.479	0.112	0.808	0.143	0.044	0.238	0.042	0.239	0.559
0.119	0.125	0.345	0.043	0.790	0.907	0.185	0.302	0.745	0.068	0.244
0.075	0.650	0.597	0.123	0.550	0.827	0.088	0.670	0.431	0.139	0.580
0.218	0.066	0.751	0.167	0.434	0.834	0.086	0.440	0.950	0.219	0.331
0.177	0.394	0.395	0.071	0.309	0.156	0.057	0.555	0.105	0.092	0.689
0.149	0.106	0.228	0.125	0.778	0.251	0.154	0.225	0.155	0.131	0.106
0.191	0.309	0.396	0.056	0.950	0.817	0.165	0.601	0.931	0.249	0.124
0.057	0.236	0.100	0.169	0.508	0.782	0.056	0.766	0.847	0.235	0.210
0.235	0.704	0.438	0.110	0.216	0.294	0.078	0.097	0.261	0.049	0.217
0.047	0.689	0.675	0.058	0.538	0.326	0.127	0.95	0.515	0.155	0.184
0.088	0.698	0.506	0.198	0.269	0.390	0.075	0.612	0.112	0.040	0.291
0.145	0.372	0.700	0.197	0.400	0.425	0.225	0.936	0.625	0.192	0.208
0.070	0.543	0.317	0.089	0.230	0.101	0.231	0.826	0.607	0.170	0.072
0.093	0.369	0.690	0.106	0.763	0.911	0.130	0.076	0.665	0.118	0.105
0.231	0.906	0.882	0.074	0.475	0.767	0.067	0.450	0.812	0.102	0.061
0.153	0.449	0.689	0.049	0.475	0.640	0.146	0.337	0.747	0.052	0.604
0.220	0.142	0.162	0.156	0.701	0.937	0.207	0.183	0.090	0.187	0.289
0.150	0.836	0.652	0.181	0.158	0.160	0.166	0.844	0.115	0.228	0.472
0.218	0.073	0.386	0.247	0.915	0.515	0.183	0.364	0.540	0.192	0.202
0.090	0.245	0.502	0.229	0.716	0.529	0.138	0.408	0.336	0.163	0.786
0.064	0.167	0.407	0.071	0.609	0.161	0.190	0.878	0.265	0.240	0.058
0.176	0.318	0.924	0.059	0.557	0.633	0.101	0.406	0.061	0.116	0.512
0.063	0.274	0.146	0.114	0.250	0.415	0.046	0.477	0.197	0.059	0.884
0.100	0.713	0.556	0.219	0.854	0.676	0.145	0.863	0.915	0.142	0.728
0.061	0.627	0.470	0.188	0.513	0.680	0.081	0.673	0.351	0.075	0.757
0.100	0.937	0.186	0.074	0.425	0.318	0.242	0.647	0.498	0.094	0.376
0.232	0.345	0.523	0.082	0.753	0.806	0.200	0.753	0.381	0.040	0.926
0.148	0.427	0.334	0.237	0.681	0.749	0.169	0.784	0.648	0.200	0.367
0.096	0.482	0.759	0.095	0.951	0.948	0.121	0.333	0.468	0.200	0.844
0.112	0.877	0.098	0.049	0.585	0.603	0.231	0.049	0.861	0.043	0.716
0.143	0.566	0.613	0.176	0.184	0.376	0.153	0.881	0.279	0.066	0.429
0.206	0.431	0.626	0.121	0.160	0.179	0.197	0.130	0.666	0.057	0.513
0.094	0.458	0.115	0.188	0.197	0.938	0.126	0.835	0.528	0.056	0.349
0.170	0.915	0.819	0.055	0.101	0.690	0.112	0.921	0.083	0.164	0.145
0.249	0.576	0.833	0.236	0.385	0.745	0.197	0.836	0.664	0.144	0.764
0.043	0.400	0.738	0.094	0.708	0.203	0.209	0.66	0.314	0.144	0.477
0.136	0.553	0.903	0.181	0.398	0.261	0.123	0.552	0.137	0.176	0.172
0.149	0.948	0.636	0.093	0.073	0.872	0.203	0.455	0.47	0.217	0.488

续表

z_4/m	x_5/m	y_5/m	z_5/m	x_6/m	y_6/m	z_6/m	x_7/m	y_7/m	z_7/m	x_8/m
0.224	0.761	0.956	0.238	0.045	0.715	0.147	0.344	0.668	0.044	0.874
0.072	0.121	0.717	0.109	0.644	0.845	0.123	0.121	0.758	0.217	0.444
0.079	0.388	0.093	0.237	0.732	0.286	0.120	0.345	0.801	0.202	0.645
0.235	0.748	0.049	0.095	0.102	0.824	0.226	0.820	0.434	0.101	0.464
0.205	0.223	0.804	0.217	0.352	0.802	0.193	0.115	0.504	0.187	0.147
0.074	0.365	0.348	0.177	0.498	0.849	0.201	0.169	0.623	0.232	0.361
0.237	0.240	0.287	0.173	0.327	0.089	0.143	0.304	0.709	0.238	0.314
0.054	0.043	0.140	0.103	0.658	0.271	0.126	0.802	0.420	0.096	0.045
0.120	0.216	0.207	0.177	0.784	0.825	0.224	0.550	0.368	0.072	0.193
0.185	0.454	0.393	0.246	0.663	0.917	0.092	0.335	0.336	0.118	0.845
0.046	0.667	0.81	0.187	0.896	0.161	0.044	0.757	0.465	0.087	0.716
0.226	0.471	0.741	0.114	0.628	0.317	0.060	0.847	0.651	0.046	0.104
0.232	0.158	0.948	0.195	0.567	0.088	0.210	0.565	0.634	0.078	0.177
0.132	0.779	0.694	0.102	0.951	0.543	0.246	0.555	0.356	0.091	0.904
0.088	0.110	0.357	0.139	0.090	0.442	0.144	0.694	0.582	0.249	0.850
0.168	0.153	0.535	0.199	0.118	0.221	0.130	0.346	0.819	0.178	0.339
0.234	0.841	0.725	0.154	0.924	0.228	0.186	0.903	0.204	0.065	0.466
0.173	0.671	0.895	0.210	0.413	0.123	0.086	0.148	0.313	0.213	0.700
0.052	0.511	0.158	0.072	0.670	0.044	0.056	0.771	0.082	0.194	0.434
0.248	0.607	0.243	0.082	0.414	0.212	0.137	0.344	0.776	0.190	0.533
0.102	0.806	0.342	0.201	0.955	0.639	0.121	0.145	0.772	0.157	0.914
0.090	0.050	0.351	0.102	0.811	0.588	0.091	0.546	0.404	0.120	0.498
0.121	0.520	0.838	0.144	0.266	0.907	0.200	0.639	0.334	0.113	0.792
0.095	0.393	0.662	0.172	0.423	0.629	0.243	0.604	0.953	0.058	0.717
0.087	0.094	0.056	0.129	0.380	0.453	0.060	0.732	0.547	0.085	0.186
0.117	0.697	0.516	0.081	0.768	0.387	0.204	0.190	0.053	0.059	0.768
0.077	0.756	0.511	0.054	0.070	0.048	0.080	0.751	0.830	0.200	0.053
0.201	0.699	0.404	0.063	0.773	0.239	0.042	0.750	0.586	0.055	0.706
0.163	0.150	0.887	0.132	0.071	0.448	0.126	0.826	0.832	0.163	0.493
0.106	0.338	0.952	0.122	0.057	0.352	0.070	0.539	0.755	0.099	0.350
0.230	0.837	0.550	0.093	0.452	0.169	0.152	0.587	0.137	0.150	0.734
0.229	0.661	0.565	0.175	0.811	0.121	0.157	0.282	0.403	0.245	0.690
0.131	0.260	0.254	0.176	0.772	0.043	0.186	0.496	0.938	0.184	0.447
0.055	0.066	0.774	0.171	0.902	0.774	0.224	0.952	0.510	0.124	0.796
0.175	0.283	0.259	0.046	0.225	0.310	0.044	0.164	0.402	0.062	0.791
0.216	0.729	0.567	0.092	0.834	0.694	0.184	0.344	0.551	0.127	0.791
0.230	0.436	0.610	0.190	0.275	0.448	0.247	0.054	0.937	0.155	0.501
0.170	0.914	0.457	0.194	0.095	0.312	0.247	0.786	0.452	0.089	0.191

z_4/m	x_5/m	y_5/m	z_5/m	x_6/m	y_6/m	z_6/m	x_7/m	y_7/m	z_7/m	x_8/m
0.129	0.118	0.734	0.227	0.931	0.281	0.136	0.709	0.835	0.041	0.577
0.041	0.055	0.561	0.153	0.100	0.293	0.113	0.777	0.171	0.154	0.876
0.244	0.605	0.756	0.080	0.251	0.108	0.246	0.408	0.128	0.225	0.306
0.151	0.236	0.715	0.202	0.070	0.769	0.142	0.794	0.36	0.119	0.366
0.112	0.733	0.928	0.170	0.158	0.316	0.106	0.677	0.107	0.214	0.343
0.164	0.695	0.742	0.237	0.666	0.086	0.120	0.882	0.541	0.072	0.709
0.227	0.414	0.562	0.143	0.066	0.349	0.044	0.630	0.928	0.166	0.682
0.135	0.263	0.592	0.114	0.824	0.833	0.146	0.648	0.299	0.216	0.296
0.186	0.527	0.584	0.211	0.300	0.180	0.067	0.052	0.114	0.108	0.838
0.232	0.769	0.925	0.107	0.428	0.325	0.104	0.835	0.174	0.125	0.118
0.063	0.750	0.446	0.245	0.641	0.528	0.094	0.213	0.190	0.127	0.103
0.087	0.383	0.677	0.119	0.888	0.536	0.04	0.283	0.535	0.161	0.931
0.143	0.441	0.257	0.059	0.309	0.771	0.202	0.207	0.471	0.067	0.615
0.208	0.948	0.749	0.044	0.929	0.096	0.179	0.537	0.284	0.062	0.749
0.133	0.864	0.187	0.151	0.757	0.815	0.124	0.517	0.661	0.070	0.174
0.076	0.717	0.112	0.060	0.119	0.897	0.145	0.685	0.155	0.132	0.329
0.225	0.243	0.326	0.232	0.205	0.739	0.169	0.762	0.272	0.139	0.041
0.046	0.104	0.338	0.192	0.215	0.149	0.068	0.275	0.582	0.184	0.555
0.115	0.122	0.203	0.136	0.131	0.156	0.100	0.882	0.363	0.115	0.888
0.221	0.281	0.266	0.097	0.877	0.316	0.216	0.341	0.521	0.105	0.450
0.194	0.179	0.952	0.215	0.085	0.387	0.222	0.202	0.348	0.049	0.361
0.178	0.375	0.602	0.052	0.877	0.644	0.051	0.251	0.062	0.239	0.512
0.144	0.667	0.484	0.157	0.152	0.819	0.144	0.168	0.410	0.056	0.122
0.061	0.134	0.265	0.165	0.365	0.756	0.214	0.569	0.504	0.239	0.743
0.095	0.856	0.936	0.104	0.253	0.683	0.233	0.631	0.159	0.089	0.397
0.137	0.470	0.698	0.117	0.556	0.480	0.208	0.269	0.604	0.058	0.176

y_8/m	z_8/m	x_9/m	y_9/m	z_9/m	x_{10}/m	y_{10}/m	z_{10}/m	R_m/m	R_p/m	C/%
0.394	0.193	0.152	0.421	0.044	0.957	0.592	0.235	1.23	1.22	0.81
0.291	0.198	0.946	0.121	0.199	0.485	0.759	0.191	1.65	1.67	1.21
0.315	0.228	0.231	0.361	0.042	0.800	0.655	0.170	0.96	0.95	1.04
0.051	0.167	0.270	0.159	0.096	0.142	0.135	0.065	1.25	1.25	0
0.260	0.141	0.487	0.320	0.156	0.426	0.849	0.158	1.37	1.36	0.73
0.465	0.107	0.309	0.911	0.069	0.915	0.633	0.149	0.90	0.91	1.11
0.170	0.137	0.699	0.749	0.134	0.473	0.10	0.103	0.98	0.95	3.06
0.386	0.136	0.568	0.796	0.070	0.174	0.684	0.225	1.23	1.25	1.63
0.456	0.164	0.694	0.146	0.224	0.132	0.330	0.094	1.60	1.64	2.50
0.525	0.194	0.133	0.227	0.156	0.319	0.760	0.080	1.30	1.30	0
0.547	0.250	0.329	0.585	0.163	0.945	0.206	0.079	1.02	1.07	4.9

y_8/m	z_8/m	x_9/m	y_9/m	z_9/m	x_{10}/m	y_{10}/m	z_{10}/m	R_m/m	R_p/m	C/%
0.346	0.214	0.894	0.050	0.151	0.111	0.062	0.221	1.04	0.99	4.81
0.238	0.099	0.861	0.290	0.221	0.282	0.754	0.133	1.31	1.31	0
0.177	0.215	0.591	0.648	0.147	0.374	0.420	0.121	1.51	1.56	3.31
0.556	0.151	0.497	0.225	0.195	0.632	0.482	0.215	0.82	0.82	0
0.342	0.042	0.800	0.671	0.220	0.129	0.267	0.083	1.46	1.46	0
0.641	0.199	0.791	0.139	0.064	0.063	0.383	0.229	1.16	1.13	2.59
0.768	0.219	0.170	0.451	0.131	0.327	0.813	0.136	1.44	1.39	3.47
0.786	0.087	0.596	0.157	0.100	0.918	0.850	0.074	1.38	1.40	1.45
0.668	0.134	0.767	0.518	0.222	0.873	0.263	0.096	1.38	1.34	2.9
0.300	0.226	0.729	0.276	0.054	0.710	0.681	0.149	1.66	1.61	3.01
0.519	0.059	0.049	0.187	0.168	0.643	0.287	0.202	1.26	1.25	0.79
0.548	0.144	0.218	0.428	0.112	0.607	0.446	0.121	0.81	0.82	1.23
0.483	0.088	0.394	0.554	0.097	0.237	0.129	0.049	1.55	1.61	3.87
0.171	0.063	0.444	0.317	0.160	0.691	0.315	0.247	1.36	1.37	0.74
0.355	0.135	0.861	0.717	0.068	0.212	0.927	0.150	1.35	1.30	3.70
0.836	0.047	0.896	0.353	0.068	0.862	0.423	0.217	1.44	1.42	1.39
0.267	0.089	0.594	0.081	0.236	0.093	0.888	0.227	1.28	1.22	4.69
0.212	0.143	0.711	0.416	0.110	0.337	0.616	0.184	0.86	0.86	0
0.524	0.112	0.863	0.336	0.081	0.825	0.686	0.149	1.30	1.35	3.85
0.392	0.164	0.373	0.370	0.055	0.152	0.550	0.133	0.86	0.92	6.98
0.817	0.089	0.227	0.090	0.231	0.730	0.391	0.120	1.48	1.44	2.7
0.692	0.227	0.528	0.729	0.241	0.475	0.457	0.047	0.83	0.80	3.61
0.670	0.159	0.893	0.113	0.115	0.318	0.875	0.085	1.66	1.72	3.61
0.325	0.214	0.233	0.309	0.060	0.594	0.665	0.058	1.14	1.17	2.63
0.053	0.075	0.943	0.423	0.228	0.235	0.148	0.207	1.7	1.71	0.59
0.338	0.106	0.423	0.684	0.121	0.680	0.380	0.124	1.48	1.52	2.70
0.730	0.161	0.287	0.251	0.073	0.312	0.820	0.050	0.88	0.90	2.27
0.245	0.066	0.712	0.775	0.175	0.216	0.293	0.106	1.26	1.31	3.97
0.919	0.180	0.531	0.740	0.048	0.337	0.443	0.223	1.58	1.64	3.80
0.054	0.078	0.385	0.353	0.054	0.899	0.333	0.236	1.39	1.34	3.60
0.787	0.077	0.392	0.253	0.153	0.654	0.156	0.129	0.86	0.80	6.98
0.221	0.210	0.240	0.692	0.233	0.731	0.629	0.222	1.63	1.66	1.84
0.274	0.052	0.818	0.414	0.075	0.935	0.680	0.141	0.84	0.86	2.38
0.454	0.162	0.106	0.909	0.066	0.434	0.896	0.231	1.69	1.69	0
0.576	0.188	0.374	0.641	0.043	0.318	0.757	0.093	1.43	1.44	0.70
0.586	0.230	0.141	0.135	0.200	0.826	0.334	0.151	1.58	1.53	3.16
0.930	0.101	0.880	0.758	0.192	0.405	0.598	0.091	0.95	0.99	4.21
0.478	0.221	0.077	0.682	0.219	0.716	0.170	0.216	1.42	1.40	1.41

y_8/m	z_8/m	x_9/m	y_9/m	z_9/m	x_{10}/m	y_{10}/m	z_{10}/m	R_m/m	R_p/m	C/%
0.612	0.126	0.250	0.139	0.092	0.630	0.045	0.150	1.56	1.61	3.21
0.608	0.250	0.363	0.230	0.169	0.836	0.427	0.113	1.01	1.05	3.96
0.608	0.169	0.860	0.899	0.050	0.399	0.863	0.094	0.91	0.92	1.10
0.384	0.242	0.485	0.228	0.064	0.954	0.183	0.075	0.85	0.80	5.88
0.679	0.048	0.233	0.077	0.113	0.330	0.326	0.166	1.38	1.35	2.17
0.320	0.078	0.333	0.539	0.139	0.077	0.924	0.210	0.87	0.81	6.90
0.388	0.063	0.867	0.044	0.057	0.358	0.930	0.218	1.49	1.45	2.68
0.736	0.079	0.046	0.570	0.183	0.804	0.826	0.217	1.30	1.35	3.85
0.506	0.224	0.200	0.450	0.150	0.796	0.860	0.089	0.88	0.83	5.68
0.606	0.169	0.746	0.819	0.148	0.341	0.352	0.147	1.46	1.50	2.74
0.410	0.199	0.202	0.586	0.237	0.883	0.845	0.181	1.18	1.22	3.39
0.222	0.154	0.507	0.089	0.068	0.619	0.288	0.059	1.40	1.45	3.57
0.504	0.081	0.310	0.673	0.177	0.106	0.767	0.154	1.53	1.47	3.92
0.473	0.20	0.843	0.158	0.218	0.664	0.554	0.103	1.60	1.64	2.50
0.168	0.076	0.798	0.906	0.113	0.371	0.097	0.120	1.40	1.36	2.86
0.470	0.221	0.959	0.076	0.054	0.181	0.600	0.152	1.55	1.49	3.87
0.482	0.215	0.385	0.689	0.042	0.086	0.738	0.130	1.67	1.63	2.40
0.079	0.197	0.507	0.745	0.041	0.789	0.921	0.089	1.47	1.48	0.68
0.124	0.191	0.729	0.685	0.101	0.856	0.104	0.046	1.32	1.35	2.27
0.333	0.150	0.408	0.403	0.086	0.051	0.240	0.045	1.66	1.69	1.81
0.956	0.232	0.897	0.862	0.103	0.270	0.728	0.098	0.99	0.97	2.02
0.609	0.099	0.433	0.472	0.165	0.089	0.657	0.186	0.99	1.01	2.02
0.735	0.063	0.079	0.606	0.158	0.364	0.562	0.109	1.69	1.67	1.18
0.294	0.114	0.185	0.160	0.086	0.384	0.176	0.198	1.26	1.27	0.79
0.531	0.065	0.372	0.808	0.122	0.684	0.932	0.207	1.01	1.01	0
0.061	0.167	0.094	0.451	0.111	0.446	0.953	0.051	1.15	1.12	2.61
0.798	0.116	0.816	0.888	0.197	0.849	0.319	0.042	0.99	0.98	1.01
0.262	0.161	0.859	0.749	0.117	0.227	0.089	0.193	1.07	1.09	1.87
0.640	0.170	0.094	0.238	0.129	0.138	0.924	0.180	1.42	1.46	2.82
0.619	0.191	0.226	0.170	0.160	0.256	0.434	0.163	1.36	1.39	2.21
0.187	0.157	0.120	0.144	0.164	0.602	0.238	0.233	0.89	0.85	4.49
0.737	0.134	0.567	0.247	0.046	0.588	0.327	0.075	1.06	1.07	0.94
0.345	0.113	0.442	0.244	0.059	0.532	0.900	0.244	1.34	1.37	2.24
0.257	0.053	0.122	0.244	0.145	0.640	0.935	0.086	1.58	1.61	1.90
0.694	0.133	0.754	0.451	0.233	0.738	0.122	0.048	1.53	1.50	1.96
0.341	0.086	0.715	0.325	0.092	0.321	0.928	0.088	1.14	1.12	1.75
0.514	0.192	0.174	0.793	0.177	0.311	0.603	0.189	1.23	1.26	2.44
0.438	0.196	0.607	0.580	0.054	0.517	0.777	0.114	1.50	1.47	2.00

y_8/m	z_8/m	x_9/m	y_9/m	z_9/m	x_{10}/m	y_{10}/m	z_{10}/m	R_m/m	R_p/m	C/%
0.775	0.095	0.774	0.842	0.043	0.703	0.904	0.189	1.00	0.99	1.00
0.539	0.041	0.795	0.717	0.149	0.878	0.112	0.164	0.94	0.98	4.26
0.884	0.205	0.379	0.686	0.177	0.338	0.914	0.063	1.02	1.08	5.88
0.168	0.247	0.785	0.826	0.123	0.247	0.263	0.176	1.68	1.69	0.60
0.869	0.168	0.096	0.163	0.120	0.147	0.240	0.194	1.29	1.25	3.10
0.294	0.115	0.123	0.158	0.118	0.338	0.141	0.221	1.40	1.35	3.57
0.908	0.243	0.781	0.461	0.198	0.077	0.536	0.045	1.41	1.43	1.42
0.100	0.223	0.543	0.306	0.168	0.343	0.273	0.072	1.35	1.32	2.22
0.547	0.131	0.864	0.657	0.090	0.140	0.809	0.150	0.86	0.88	2.33
0.051	0.072	0.212	0.253	0.234	0.578	0.131	0.088	1.21	1.25	3.31
0.169	0.177	0.806	0.232	0.120	0.855	0.770	0.217	1.12	1.15	2.68
0.828	0.074	0.098	0.601	0.118	0.867	0.556	0.130	1.34	1.39	3.73
0.628	0.107	0.592	0.603	0.109	0.533	0.041	0.103	1.35	1.32	2.22
0.803	0.071	0.095	0.955	0.230	0.735	0.531	0.161	1.07	1.12	4.67
0.683	0.074	0.255	0.951	0.138	0.423	0.235	0.112	1.56	1.51	3.21
0.169	0.093	0.242	0.705	0.147	0.062	0.580	0.220	0.96	0.96	0
0.655	0.141	0.279	0.802	0.207	0.224	0.465	0.100	0.80	0.81	1.25
0.469	0.130	0.591	0.376	0.068	0.248	0.674	0.133	1.00	1.05	5.00
0.892	0.228	0.679	0.174	0.083	0.554	0.266	0.201	1.28	1.30	1.56
0.854	0.100	0.888	0.760	0.080	0.111	0.902	0.120	1.11	1.11	0
0.690	0.103	0.643	0.635	0.040	0.426	0.672	0.090	0.95	0.9	5.26
0.632	0.159	0.623	0.952	0.220	0.571	0.896	0.123	1.35	1.32	2.22
0.276	0.201	0.410	0.753	0.042	0.814	0.424	0.081	1.06	1.09	2.83
0.687	0.230	0.369	0.933	0.042	0.660	0.789	0.133	1.07	1.10	2.80
0.717	0.117	0.458	0.174	0.217	0.786	0.445	0.170	1.25	1.19	4.80
0.743	0.104	0.812	0.701	0.202	0.110	0.741	0.089	1.28	1.32	3.13
0.403	0.167	0.399	0.304	0.220	0.565	0.048	0.223	0.81	0.86	6.17
0.097	0.143	0.859	0.595	0.236	0.137	0.955	0.194	0.91	0.93	2.20
0.684	0.091	0.787	0.471	0.043	0.698	0.109	0.107	0.93	0.87	6.45
0.404	0.223	0.796	0.563	0.080	0.332	0.196	0.210	1.49	1.49	0
0.809	0.152	0.836	0.882	0.186	0.673	0.513	0.136	0.99	1.01	2.02
0.265	0.194	0.352	0.423	0.245	0.846	0.757	0.182	1.25	1.19	4.80
0.924	0.125	0.098	0.122	0.161	0.043	0.370	0.100	1.01	0.98	2.97
0.874	0.192	0.286	0.746	0.158	0.435	0.310	0.193	1.40	1.38	1.43
0.333	0.188	0.125	0.382	0.238	0.352	0.180	0.194	1.38	1.34	2.90
0.746	0.102	0.658	0.489	0.184	0.763	0.873	0.189	1.56	1.56	0
0.735	0.057	0.909	0.309	0.110	0.749	0.291	0.084	1.59	1.64	3.14
0.589	0.170	0.644	0.603	0.111	0.646	0.355	0.076	1.65	1.60	3.03

y_8/m	z_8/m	x_9/m	y_9/m	z_9/m	x_{10}/m	y_{10}/m	z_{10}/m	R_m/m	R_p/m	C/%
0.171	0.138	0.423	0.821	0.236	0.399	0.086	0.152	1.53	1.50	1.96
0.083	0.240	0.262	0.628	0.105	0.259	0.228	0.189	0.87	0.91	4.60
0.834	0.110	0.363	0.498	0.048	0.153	0.522	0.040	1.07	1.12	4.67
0.585	0.186	0.684	0.888	0.159	0.233	0.258	0.080	0.89	0.92	3.37
0.113	0.138	0.490	0.359	0.177	0.612	0.585	0.195	1.43	1.37	4.20
0.267	0.093	0.795	0.060	0.195	0.585	0.788	0.249	1.21	1.16	4.13
0.819	0.14	0.344	0.084	0.241	0.929	0.396	0.081	1.11	1.16	4.5
0.107	0.168	0.127	0.772	0.104	0.514	0.760	0.089	1.52	1.52	0
0.789	0.134	0.805	0.933	0.199	0.906	0.698	0.110	0.85	0.80	5.88
0.854	0.058	0.433	0.722	0.099	0.252	0.960	0.069	0.97	1.00	3.09
0.381	0.244	0.276	0.296	0.229	0.554	0.059	0.111	1.05	1.08	2.86
0.776	0.082	0.597	0.697	0.181	0.117	0.646	0.159	1.48	1.43	3.38
0.786	0.059	0.571	0.130	0.101	0.799	0.530	0.137	1.17	1.2	2.56
0.204	0.154	0.925	0.881	0.108	0.201	0.921	0.227	1.09	1.11	1.83
0.679	0.074	0.098	0.762	0.191	0.558	0.680	0.065	1.19	1.18	0.84
0.648	0.041	0.702	0.180	0.079	0.788	0.470	0.062	1.12	1.17	4.46
0.951	0.155	0.870	0.427	0.132	0.913	0.313	0.122	1.21	1.17	3.31
0.393	0.172	0.220	0.918	0.117	0.638	0.427	0.186	1.17	1.17	0
0.712	0.123	0.866	0.214	0.085	0.223	0.404	0.227	1.65	1.65	0
0.110	0.159	0.796	0.292	0.152	0.116	0.135	0.050	1.65	1.66	0.61
0.109	0.057	0.653	0.089	0.215	0.377	0.480	0.101	1.21	1.16	4.13
0.532	0.145	0.644	0.177	0.139	0.946	0.754	0.240	1.13	1.07	5.31
0.394	0.058	0.533	0.114	0.173	0.298	0.475	0.200	1.10	1.05	4.55
0.385	0.093	0.176	0.695	0.081	0.249	0.334	0.052	1.24	1.25	0.81
0.935	0.076	0.606	0.104	0.249	0.165	0.396	0.046	1.57	1.58	0.64
0.696	0.047	0.384	0.522	0.040	0.870	0.690	0.235	0.86	0.89	3.49
0.358	0.224	0.444	0.756	0.169	0.436	0.866	0.118	1.27	1.32	3.94
0.264	0.052	0.591	0.106	0.213	0.556	0.735	0.043	1.10	1.06	3.64
0.735	0.138	0.848	0.648	0.127	0.053	0.165	0.146	1.11	1.11	0
0.854	0.168	0.147	0.440	0.228	0.479	0.148	0.239	1.46	1.51	3.42
0.359	0.115	0.947	0.403	0.148	0.807	0.128	0.236	1.55	1.54	0.65
0.108	0.134	0.829	0.596	0.242	0.093	0.291	0.051	1.44	1.42	1.39
0.549	0.207	0.446	0.957	0.168	0.335	0.086	0.232	0.94	0.91	3.19
0.423	0.211	0.805	0.158	0.180	0.395	0.192	0.146	1.68	1.72	2.38
0.247	0.104	0.309	0.222	0.234	0.709	0.932	0.080	1.30	1.32	1.54
0.480	0.092	0.51	0.857	0.134	0.930	0.203	0.170	1.22	1.16	4.92
0.499	0.122	0.731	0.095	0.173	0.933	0.464	0.224	1.16	1.18	1.72
0.595	0.075	0.39	0.117	0.084	0.616	0.705	0.128	0.88	0.92	4.55

y_8/m	z_8/m	x_9/m	y_9/m	z_9/m	x_{10}/m	y_{10}/m	z_{10}/m	R_m/m	R_p/m	C/%
0.303	0.198	0.285	0.579	0.158	0.823	0.493	0.235	1.05	1.07	1.90
0.536	0.053	0.282	0.075	0.062	0.306	0.557	0.151	1.13	1.11	1.77
0.518	0.059	0.576	0.135	0.101	0.387	0.735	0.217	1.52	1.58	3.95
0.480	0.237	0.448	0.407	0.154	0.252	0.931	0.20	0.81	0.81	0
0.574	0.163	0.451	0.535	0.078	0.945	0.4	0.176	1.01	1.02	0.99
0.400	0.220	0.940	0.239	0.098	0.047	0.64	0.235	1.42	1.37	3.52
0.887	0.120	0.768	0.395	0.089	0.678	0.088	0.187	0.83	0.83	0
0.662	0.116	0.235	0.881	0.155	0.389	0.862	0.088	1.51	1.55	2.65
0.308	0.101	0.913	0.373	0.157	0.697	0.857	0.188	1.39	1.41	1.44
0.927	0.058	0.094	0.538	0.170	0.157	0.953	0.090	1.48	1.44	2.70
0.055	0.176	0.062	0.208	0.040	0.111	0.393	0.153	1.27	1.27	0
0.244	0.236	0.232	0.354	0.079	0.563	0.356	0.119	1.69	1.74	2.96
0.802	0.154	0.311	0.823	0.140	0.864	0.692	0.173	0.96	0.91	5.21
0.757	0.181	0.377	0.927	0.044	0.602	0.606	0.247	1.19	1.18	0.84
0.318	0.234	0.822	0.534	0.140	0.782	0.822	0.203	1.37	1.40	2.19
0.836	0.161	0.906	0.857	0.056	0.071	0.908	0.191	1.41	1.37	2.84
0.893	0.232	0.099	0.730	0.093	0.609	0.945	0.217	1.63	1.65	1.23
0.731	0.235	0.417	0.169	0.162	0.372	0.870	0.095	1.62	1.61	0.62
0.447	0.100	0.912	0.044	0.072	0.169	0.069	0.137	0.86	0.90	4.65
0.539	0.238	0.245	0.768	0.126	0.158	0.120	0.116	1.37	1.38	0.73
0.845	0.211	0.084	0.513	0.228	0.073	0.372	0.170	1.23	1.26	2.44
0.939	0.150	0.047	0.253	0.219	0.410	0.141	0.105	1.06	1.03	2.83
0.588	0.212	0.242	0.687	0.154	0.935	0.407	0.173	1.45	1.45	0
0.580	0.186	0.660	0.639	0.137	0.859	0.719	0.204	1.25	1.27	1.60
0.852	0.224	0.161	0.839	0.071	0.592	0.843	0.226	1.41	1.37	2.84
0.768	0.159	0.688	0.360	0.143	0.405	0.340	0.183	1.52	1.48	2.63
0.511	0.182	0.394	0.344	0.160	0.057	0.872	0.085	1.41	1.37	2.84
0.546	0.046	0.373	0.310	0.112	0.750	0.636	0.081	0.90	0.96	6.67
0.628	0.199	0.926	0.052	0.128	0.679	0.424	0.126	1.66	1.63	1.81
0.345	0.077	0.121	0.297	0.077	0.077	0.803	0.201	1.10	1.08	1.82
0.343	0.158	0.275	0.829	0.215	0.715	0.950	0.205	1.09	1.09	0
0.177	0.152	0.420	0.179	0.182	0.786	0.389	0.166	1.40	1.38	1.43
0.709	0.104	0.688	0.548	0.079	0.100	0.487	0.074	0.93	0.96	3.23
0.380	0.187	0.728	0.096	0.168	0.488	0.607	0.079	1.05	1.05	0
0.598	0.240	0.074	0.819	0.188	0.954	0.415	0.220	1.39	1.41	1.44
0.046	0.154	0.759	0.926	0.046	0.399	0.615	0.148	1.29	1.25	3.10
0.168	0.094	0.332	0.317	0.149	0.686	0.598	0.138	1.06	1.05	0.94